預約實用知識，延伸出版價值

每個人的商學院

商業基礎

劉潤 著

客戶心理是
一切需求的起始點

寶鼎

每個人的商學院

總目

5 管理基礎

每個人的商學院❺

- 激勵
- 管理方法
- 管理自己

6 管理進階

每個人的商學院❻

- 知人善任
- 治理

7 個人基礎

每個人的商學院❼

- 態度
- 技能

8 個人進階

每個人的商學院❽

- 知識
- 工具

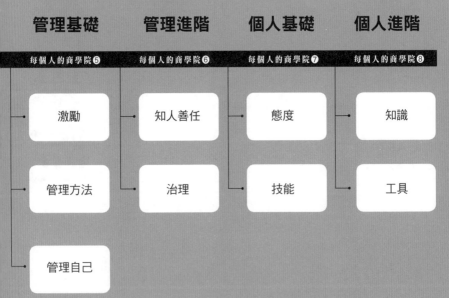

1 ▶ 2 ▶ 3 ▶ 4

商業基礎
每個人的商學院❶
- 商業的起點
- 商業的本質
- 商業的視角

商業實戰（上）
每個人的商學院❷
- 行銷
- 通路

商業實戰（下）
每個人的商學院❸
- 產品
- 定價

商業進階
每個人的商學院❹
- 創新
- 做大做強
- 戰略

目次
CONTENTS

第❷章 消費者需求

目次
CONTENTS

第4章
商業世界五大基本邏輯

第5章
網路世界五大基本定律

目次
CONTENTS

第6章 商業世界的交易結構

3 PART 商業的視角

第7章 微觀

第8章

宏觀

一致好評

羅振宇——羅輯思維、得到App創始人

把經典的商業概念和管理方法，用所有人都聽得懂的語言講出來，每天五分鐘，足不出戶上一所商學院。

雷　軍——小米創始人、董事長兼CEO

性價比超高的商學院，每天五毛錢，就可以學到實用的商學院知識。

吳曉波——著名財經作家、吳曉波頻道創始人

用一盒月餅的錢，把商學院的知識濃縮在每天的服務中提供給你。

朱楚文——科技財經主播／作家

這本書從消費者心理出發，結合經濟學理論與網路世界經營策略，拆解成功的商戰模式，對於創業家而言，是一本淺顯易懂又能跟上時代脈動，為自己的企業找到商業利基點的好書。

游舒帆 Gipi——商業思維學院院長

從「得到」的《5分鐘商學院》課程中認識了劉潤，對於他總能以淺白的用詞來解釋艱澀難懂的商業概念感到佩服，也因為劉潤燃起大眾去理解學習商業知識的興趣，如果你是商業新手，更要推薦閱讀劉潤的著作。

推薦序

讓自己成為具有魔力的品牌

黃麗燕／李奧貝納集團執行長暨大中華區總裁

讀這本書的時候我彷彿有一種錯覺：覺得作者好像是我在李奧貝納共事多年的同事。讀著他對於商業基礎的觀點——尤其是第一部分商業的起點，竟然與李奧貝納經營品牌將近一世紀以來的思維如此地相似。

就像在消費者需求的章節裡作者談到「魔力」，然後進一步花了不少的篇幅談魔力背後的情感與功能。而在李奧貝納的「品牌」思維裡，我們不斷在實務層面與大大小小的演講中強調「價值」的重要；價值來自於情感需求以及核心能力的結合，價值同時也是企業與品牌經營成功並因此擁有訂價權的關鍵。作者提到的情感也是我們強調的情感需求，而作者提到的功能正是我們強調的核心能力。

此時此刻，這兩件事情我認為對臺灣的中小企業主尤其重要。

臺灣的中小企業主習慣用製造者思維去看待品牌與生意，所以當他們談到品牌也好，生意也好，都是在談自己的產品厲害的功能，自己產品如何贏過別人，得了什麼獎……等等。但他們很少去想顧客為什麼需要？所以我們很常看到的是研發部門創造出來了厲害的產品，卻總是無法打開市場。

針對這樣的困境，作者提了一個心態的轉換：中心轉移。這個心態轉換是相當實用的。嚴格來說它不只是一個心態，也是一個在生活中可以變換成各種實際演練的「想像」練習。如果沒有這種想像練習，我們如何感受我們可能一輩子都不會經歷的感覺／渴望／需求？像是男人如何理解孕婦捧著肚子準備臨盆的心情？為何一個年輕人寧可省吃儉用，也要買一支夢寐以求的手機？

任何人在經營品牌與企業的時候，都可以在這件事情上認真練習。把「自己付出」調整成「對方收穫」，無我才有顧客，有顧客才有市場。然後我們也才能打造出一個具有魔力、具有價值，更有訂價權的品牌與企業。

除了從行為經濟學與消費者需求出發的品牌經營思維，作者甚至提煉了他多年在職場累積的知識與經驗，並且把它整理成容易懂、也容易操作的技術。他講五大定律：流量、效率、定位、風險與求利的縫隙。他也講互聯網（網路）對經營的影響：資訊對稱、網路效應、邊際成本、長尾效應與免費。

時間快速滴答，世界到處都是黑天鵝、灰犀牛，未來充滿太多不確定。但透過作者的知識寶庫，讓您更快地抓住各種可能的機會，小心接招，快樂豐收。

推薦序

內化為自己的商學院

梅驊／將來商業銀行資深執行副總經理

第一次聽到劉潤老師的名字，是因為他那篇被傳頌且被致敬數個不同情境版本的〈向計程車司機學管理〉文章，認識了這位管理與激勵大師，後來又在「得到」App上面開始聽劉潤老師的有聲書，老師總是能以非常貼近生活中的故事，讓管理不再是個理論，令人豁然開朗。

我以前就讀EMBA時，最投入的課程之一就是個案分析的方法論，透過解析實務案例的不同面向來堆砌各種可能方針，雖過癮，但往往需要花費許多討論研究時間。《每個人的商學院》系列，其商業基礎完全從人開始，孟子一書提到：「得天下有道：得其民，斯得天下矣；得其民有道：得其心，斯得民矣；得其心有道：所欲與之聚之，所惡勿施爾也」。這個道理運用在商業上也完全成立，但往往知易行難。劉潤老師以他過去豐富的商業輔導實戰經驗，將商業上的實務案例重新解構，從用戶心裡出發，每個理論的閱讀時間不到五分鐘，但細細思想，都可以在工作當中延伸運用發展一套務實可行的道理。

例如其提到「有時候人們不願意掏錢，並不是因為小氣，只是商品被放在了他們不願意付費的心理帳戶中」，以我所處的科技金融產業，因金融產品在本質上是類似的，不易有差異化，故大多數銀行都以「低手續費、高利息」來吸引客人的使用，但真的只能單單以「好康」來吸引客戶嗎？有沒有其他因素可以讓客戶「願意將產品放在心裡」，進而開開心心地接受使用？本書提供了非常多的務實範例搭配理論可供組合參考使用，我所服務的將來銀行正進行的許多微型服務，也正好呼應老師書中的內容。

本書的使用方式除了分章節的閱讀外，更可以當作是工作上的工具書，我自己是很快地完整速讀一遍，先進入劉潤老師的思維領域大門，然後將工作當中所遇到的一些問題用本書歸納的方法反覆推敲，最後再將這些自己的工作解法重新彙整記錄下來，有點像是自己幫本書另外增加一些商業實務案例〔我習慣使用Getting Things Done（GTD）軟體App，加上分類的Tag標籤〕，除了自己隨時隨地隨手使用，也可以和同事一起分享與傳承。

這是一套非常值得推薦的叢書，很高興現在有正體中文的出版品更便於閱讀與學習，讓《每個人的商學院》內化成為你自己的商學院。

致臺灣讀者

親愛的讀者，很榮幸我的書能夠跋涉千里來到臺灣，與你相見。感謝寶鼎出版社，使我能通過文字與遠在臺灣的你促膝長談。

每個人都是自己的CEO（首席執行官），需要讀一個自己的商學院。此話怎講？給你說個故事。

我有個朋友，是舉辦個人畫展最年輕的藝術家之一，作品在拍賣行被拍出上百萬元的價格。

當年，他在音樂與繪畫上都極有天賦，面臨著很多人都曾有過的人生兩難：該怎麼選？

最後，他選擇了繪畫方向繼續精進。他跟我說：音樂是個金字塔，能到達塔尖的就那一兩個人。但繪畫是梯形臺，你的畫可能賣五萬元*一幅，也可能賣五十萬元一幅，每一層都能養活一批畫家，成功概率明顯高很多。

這背後，其實是商學裡一個常見的概念：集中市場和分散市場。

有些行業注定是分散的，誰都不可能占據很大的市場份額，但做得好也能很優秀，比如畫畫，比如開飯店。但集中市場則完全不同，一旦成功就容易壟斷，一家通吃，比如音樂，比如今天的很多網路業態。

如果每個人都是一家「公司」，那作為CEO，我這位朋友無疑做出了最正確的市場選擇。

01

如今，不管你願不願意，你都被捲入了一個「一切皆可經營」、「一個人就是一家公司」的時代。只不過，商業司註冊的那些公司都是「有限責任」，而你「自己」這家公司是無限責任。

你需要用自己一生的時間和信用來為它擔保。

＊以下幣值若未特別標注，皆為人民幣。

還記得那四個搶月餅被開除的阿里巴巴員工嗎*？前一秒還守著一份人人羨慕的工作，後一秒就因為貪小便宜出了局。

誰敢說自己能穩穩當當地捧著飯碗？組織就一定可靠嗎？

你必須像經營公司一樣經營自己：構建自己的協作關係，塑造自己的產品和服務，呵護自己的名聲，把注意力投放到產出更高的地方。

所以，人人都需要商學院的知識。商業邏輯、商學概念、管理方法和實用工具，都是從人性的骨子裡來、被反覆驗證過的套路和模式。

過去，用於經營公司。

未來，用於經營自己。

不懂這些，不做好自己的 CEO，別人就會把你從那個位置上趕下來，把你當成小兵來使喚。

02

過去，我是給 CEO 講課的。

我給海爾、百度、恆基、中遠這些大企業當戰略顧問。一年我有一百多天在給企業上課，可能算是中國最貴的商業顧問之一。

二〇一六年四月，羅輯思維和「得到」App（應用程式）的創始人羅振宇跟我說：潤總，就給那百十來個企業家講課有啥意思，帶著你的手藝，來「得到」給成千上萬的學員開設每個人都有機會讀的商學院吧。

二〇一六年九月，我就在「得到」開設了專欄《5分鐘商學院》，每天一堂課，給大家系統化地講述商業邏輯，每天用五分鐘的時間，解決一個商業問題。

雖然只是每天五分鐘，但是我投入了大量的心血。為每一個五分鐘的課程，我自己投入的時間不下五～七個小時，從兩萬字的基礎素材中，提煉出二千～三千字的精華，然後再忍痛刪到一千七百～一千八百字，確保學員能用最短的時間，獲得最大密度的知識。

*二〇一六年，四名阿里巴巴工程師利用系統漏洞，竄改電腦程式，以搶占公司發放的中秋月餅券，經公司發現後即遭開除。

兩年，六百多篇課程。今天，《5分鐘商學院》已經累積超過四十萬的付費學員，成為可能是全球最大的私人商學院。

03

我知道，不少聽完兩年音頻課程的同學，很希望能有一本印刷版的圖書作為參考，很多還沒有聽音頻的同學，也許是更加喜歡閱讀文字。於是我決定把兩年六百多篇的浩大課程，重新系統梳理、精簡、編排，變成你手上的這套書。

這套書，是給你系統學習商學的完整解決方案。

傳統商學院裡，開設的課程看起來非常繁雜，有經濟學、營銷學、管理學、領導力、組織行為學，等等，但歸結起來，內容其實主要有三個：商業、管理與個人。

其中，商業，是你與企業外部的關係；管理，是你與企業內部的關係；而個人，是你與自己的關係。

在這套書裡，我會緊密圍繞這三個核心的部分展開，搭建起商學學習的完整框架，其中商業四冊，管理兩冊，個人兩冊。

一、在商業部分，我會從商業基礎，到商業實戰，再到商業進階，將商業的邏輯和現實融會貫通起來，幫你看透商業的本質，並在實踐中運用自如。

二、在管理部分，你會瞭解怎麼用激勵的方式，解決意願的問題；用管理的方式，解決能力的問題，達成結果，使得企業有效運轉起來。

三、在個人部分，你會明白，所有的問題，最後都是自己的問題。提升自己的領導力，就是提升企業的戰鬥力。

04

為什麼我能做這件事？

因為我讀過三所商學院。

第一所，復旦大學。

在那裡，擺滿了經濟、管理、財務、商業、營銷、金融的梅花樁、銅人陣，你得從「蹲馬步」、「打木樁」苦練基本功開始。在這裡，我寫了當年小有名氣的《出租司機給我上的MBA課》。

第二所，微軟公司。

一九九九年，我作為工程師加入微軟，二〇一三年，作為戰略合作總監離開。我在這所全球最好的企業「商學院」苦修近十四年，接受非常嚴苛的管理、領導力、全球化視野和實戰訓練。

第三所，潤米諮詢。

從微軟「畢業」後，我創立了潤米諮詢，當過海爾、百度、恆基、中遠好多企業的戰略顧問。我面前的每一位企業家，都身懷絕技。我幫助他們，也向他們學習，這是最好的「實戰商學院」。

十七年，像海綿一樣學習，像戰士一樣實踐。

現在，我要把畢生所學，傾注針尖，扎通你商業的「任督二脈」，助你做好自己的CEO。

05

每年，有幾百萬大學生畢業，進入商業世界。同樣，也就有幾百萬商業人士，被推著向前。一路狂奔時，有的人赤手空拳，有的人則全副武裝。

我希望《每個人的商學院》這套圖書能夠成為每個人的武器庫，讓你在激烈的競爭中，不再肉搏。我祝願每位遠在臺灣的讀者，都能收穫自己的商業成功。

因為，每個人都是一家無限責任公司，你是你自己的CEO。武裝起來。祝你成功。

——劉潤

PART 1

商業的起點

第 **1** 章

消費者心理

01 **心理帳戶**—讓客戶捨得為你的商品花錢

02 **沉沒成本**—前期投入影響消費者決策

03 **基本比例謬誤**—變換比例，讓消費者覺得「超划算 」

04 **損失趨避**—調整「得失感」，消除購買阻力

05 **錨定效應**—增加對比，讓你的商品被快速選中

06 **聯合評估**—揚長避短，產品才不會被比下去

07 **現狀偏見**—讓消費者產生改變的動力

08 **跨期偏好**—為用戶減輕等待的焦慮

09 **結果偏見**—避免錯誤歸因，看清事物本質

10 **適應性偏見**—打破習以為常，增強幸福感

11 **雞蛋理論**—參與感讓你的商品更值錢

12 **機率偏見**—繞過先入為主，驗證客觀機率

13 **范伯倫效應**—炫耀需求讓產品備受青睞

14 **確定效應**—「小確幸」為行銷方案增添吸引力

15 **反射效應**—損失者更願意承擔高風險

16 **迷戀小機率事件**—給消費者超額的價值感

17 **划算偏見**—給顧客一個占便宜的機會

01

心理帳戶——

讓客戶捨得為你的商品花錢

啟動亮點

有的時候，客戶不是覺得貴，只是覺得你的東西貴。因為你放錯了帳戶。

你有沒有遇到過這樣的客戶：你滿懷激情地跟他介紹產品，他也確實很心動，但到最後還是覺得太貴，沒買。真的是因為他小氣嗎？你可能會發現他的包、他的錶都很奢華。小氣和大方是相對的。這個世界上，沒有絕對的小氣，也沒有絕對的大方，有的只有一個人對商品價值的判斷——他認為商品值不值這個價。他可能會在這件商品上非常小氣，但在其他很多商品上非常大方。

為什麼會這樣？因為錢在每個人心裡並不是統一存放的，我們會把錢分門別類地存在不同的「心理帳户」裡，比如生活必要開支的帳户、家庭建設和個人發展的帳户、情感維繫的帳户、享樂休閒的帳户等。

舉個例子，假如你今晚打算去聽一場音樂會，剛要出發，突然發現自己丟了二百元，你會怎麼辦？如果丟失的是價值二百元的交通卡，你依然會去參加音樂會；但如果丟失的是打算用來購買音樂會門票的二百元，你可能就不會去了。

同樣是丟了二百元，交通卡裡的錢屬於生活必要開支的帳戶，而音樂會門票的錢則屬於享樂休閒的帳戶。交通卡丟了時，很多人會覺得這跟音樂會沒什麼關係。可是，當用來買音樂會門票的二百元丟失時，很多人就會覺得自己已在享樂休閒的帳戶裡消費了二百元，如果再花二百元，可能就超支了。所以，大多數人這時就會選擇不去了。

絕大部分人都會受到心理帳户的影響，他們並不是以同樣的態度來對待等值的錢財。有時候人們不願意掏錢，並不是因為小氣，只是商品被放在了他們不願意付費的心理帳戶中。

那麼，客戶最容易花錢的心理帳戶有哪些？

第一種，意外所得帳戶。假如你花三天時間寫了一篇文章，發表後獲得了五百元稿費，你會用這個錢玩吃角子老虎機嗎？估計不會。但如果這五百元是你撿到的呢？可能就會了。這種面對意外所得總是慷慨大方的心態，就是我們常說的：來得容易去得快。

第二種，情感維繫帳戶。你想給自己買一件一千五百元的喀什米爾羊毛衣，但一直捨不得。結果太太送給你了，你非常高興。雖然明知道這筆錢是你們共同的財富，但你似乎沒那麼心疼了。這就是我們常說的：談感情，傷錢。

第三種，零錢帳戶。你口袋裡有張一百元的鈔票，一直捨不得花，可是一旦找開，就算還剩九十九元，也會很快花完。為什麼？因為它變成了「零錢」。花零錢，沒感覺。這就是我們常說的：指縫大，漏財。

根據這些心理帳戶，可以解決哪些實際問題呢？

某市稅務部門想給企業和市民減稅，刺激消費，拉動經濟。稅減了大家很開心，可是仍然不消費，怎麼辦？把「減稅」變為「獎金」試試。如果稅務部門說減稅，大家會想：這少繳的稅本來就是我的。因此，不會有額外的消費欲望。但如果先收稅，再發「獎金」，情況就完全不同了。這是「意外所得」，人們往往會拿去買些平時捨不得買的東西。消費因此會被激發。

假如你是做保健品的，你的產品非常棒但價格有點貴，消費者捨不得買，怎麼辦？試著把你的產品定義為「禮品」。禮品，就是自己捨不得用，專門買來送長輩、送朋友的東西，比如腦白金（包裝形象高級的保健食品）、黃金酒（以食用金箔入酒）等。消費者用來買禮品的錢源自「情感維繫帳戶」，從這個帳戶裡花錢，少了都拿不出手。

如果你每年春節都會給父母一筆錢，可是他們一直存著捨不得花，怎麼辦？你可以每隔兩三天給父母一些小錢。每年一次性地給他們「一整筆大鈔」，這筆錢在他們的心理帳戶裡是用來幹大事的；但如果每隔兩三天給父母一些「零錢」，他們花起來就沒有那麼大的壓力了。

掌握關鍵

心理帳戶

每個人都把等值的錢分門別類地存在心裡不同的帳戶中。客戶並不小氣，只是商品被錯放在他不願意付費的心理帳戶。要讓客戶把錢從不願意花錢的心理帳戶轉移到願意花錢的心理帳戶，就要改變他對商品的認知。

延伸思考

職場or生活中，可聯想到的類似例子？

02

沉沒成本——前期投入影響消費者決策

掌握亮點

人們往往會陷入這樣的盲點：前期投入愈大，後期就會忍不住投入更多。

幾乎每個人都有買東西討價還價的經歷。比如逛街時，你在一家店看見一件非常漂亮的衣服，很想買，可是跟店主討價還價好半天，店主就是不願意降價，這時候怎麼辦？假裝說不要了，然後掉頭就走嗎？店主可能根本就不在意，反倒是你錯過了一件好衣服。到底該怎麼做呢？其實有一種策略可以嘗試，這種策略叫「沉沒成本」。

舉個例子，二十世紀六〇年代，英、法兩國政府聯合投資開發大型超音速客機——協和飛機。這種飛機機身大，裝飾豪華，速度特別快。

可是專案剛開展不久，英、法兩國政府就發現了問題。這種機型的研發花費巨大，設計出來也不知道市場前景如何。但如果停止研發，之前所有的投資都將付諸東流。到底是繼續還是停止呢？專案就在這種糾結中不斷推進。隨著研發工作愈來愈深入，兩國政府也愈來愈難以做出停止研發的決定。最終，協和飛機研發成功了。但是，這種飛機有巨大的缺陷，不僅耗油多、噪聲大、汙染嚴重，而且運營成本也非常高，根本不適合市場競爭。最終，英、法兩國政府為此蒙受了巨大的損失。

有人可能會說：為什麼不早點放棄呢？本來很多損失是可以避免的。雖然這個道理聽上去很簡單，但實際上人們往往會陷入這樣的盲點：前期的投入愈大，後續的投入就愈多。**人們在決定是否做一件事情時，不僅會考慮未來有沒有好處，還會考慮自己過去已經在這件事情上投入了多少。**這是一種有趣而頑固的非理性心理，被稱為「沉沒成本」，也叫「協和效應」。

這種效應每天都在我們身邊發生。比如，你花五十元買了一張電影票，在電影院看了一會兒，發現這部電影不好看。這時，你會選擇繼續看下去，還是站起來就走呢？據調查，絕大部分人都會選擇繼續看下去。他們可能會一邊玩手機，一邊堅持把電影看完，因為不想浪費已經花出去的「投資」，這就是沉沒成本。

在商業世界裡，沉沒成本的心理會帶來什麼樣的機會？

回到開篇買衣服的事情上。如果你真的很想買那件衣服，就應該在店裡花盡量長的時間，反覆挑選，反覆試穿，不停地和店主溝通。等店主覺得你一定會買的時候，再跟他討價還價，然後表示對價格不滿意，掉頭就走。這時候，店主給你優惠的可能性就會大大提升。

為什麼會這樣？因為店主已經花費了大量的時間和精力，為了不損失這一部分沉沒成本，他會盡最大的努力來促成這筆交易。而買家其實使了一點「壞」，給店主製造了一部分沉沒成本，利用店主對沉沒成本的損失厭惡，在談判中獲得了較大的優勢和主動權。

當然，沉沒成本的邏輯不只可以用在討價還價上，還可以用在很多場合。

比如，很多商業機構會在客戶只有一點購買欲望的時候，就想方設法收一部分訂金，訂金不需要很多，一萬元的商品只收五百元。當客人回到家裡，購買衝動消失，開始舉棋不定的時候，因為不想損失這五百元的沉沒成本，他可能會一咬牙，買下那個並不是特別需要的商品。

再比如，很多自助餐廳都會向顧客發放優惠券，這也是利用了沉沒成本的原理。在自助餐廳，顧客支付的費用是固定的，這部分費用就是沉沒成本。由於自助餐的特點是「想吃多少吃多少」，所以很多顧客都抱著一種「把沉沒成本賺回來」的心理用餐，甚至要「扶牆入，扶牆出」*。在這種情況下，自助餐廳通過發優惠券的方式，用新的獲得感對沖顧客心中沉沒成本的失去感，能有效降低「我一定要賺回來」的心理期待。

* 這句俚語的意思是餓得腿軟進去餐廳，吃撐到受不了出來。

掌握關鍵

沉沒成本

沉沒成本即已經產生的花費，也叫作「既定成本」。沉沒成本沒有好壞的區別。由於沉沒成本心態的頑固性，有目的地給對方製造沉沒成本，有利於提高交易的成功率。反過來，如果能夠克服這種心理偏見，不被這種情緒所左右，就有可能做出更加理性的商業判斷。

延伸思考

職場 or 生活中，可聯想到的類似例子？

03

啟動亮點

找到小的價格基數，展現大的優惠比例，會讓消費者獲得巨大的價值感。

基本比例謬誤——

變換比例，讓消費者覺得「超划算」

商家展開促銷活動，買一個一千元的鍋送一個價值五十元的勺子。商家本來以為顧客會很感激，鍋的銷量可以大大增加，結果卻發現顧客並不在意。是因為送的太少嗎？

其實不是。商家送的並不少，只是讓顧客感覺送的少了。在大多數顧客心中，買一千元送五十元，優惠百分之五，這不算什麼。因為消費者心裡有一個非常重要的價值判斷邏輯，叫作「基本比例謬誤」。

舉個例子，同一款鬧鐘，A店賣一百元，B店賣六十元，很多人會選擇花十分鐘的時間，從A店到B店去購買鬧鐘，來節省這四十元。同一款名錶，C店賣六千六百元，D店賣六千五百元，同樣是十分鐘的路程，而且可以省五十元，很多人卻仍然選擇在C店購買名錶。

為什麼四十元就覺得很值，五十元反而不值了呢？很多時候，人們本來只考慮數值本身的變化，基本比例謬誤卻使我們更傾向於考慮比例或者倍率的變化。也就是說，人們對比例的感知比對數值本身的感知更敏銳。

那麼，商家如何利用基本比例謬誤來銷售商品呢？

第一個方法是加價購。買一個一千元的鍋送一個價值五十元的勺子——商家可以試著把贈送勺子改成加價購。比如，顧客買一千元的鍋，只要加一元，就可以得到一個價值五十元的勺子。這兩種方式看似沒有本質的不同，但在消費者心中，比例卻發生了翻天覆地的改變。在前一種情況下，消費者會拿五十元的勺子和一千元的鍋對比，覺得優惠的比例只有百分之五；而在後一種情況下，消費者會有一種「用一元買到五十元的商品」的倍率感，會覺得特別划算。很多商場熱衷做加價購活動的原因，其實就是抓住了顧客的這種消費心理。

第二個方法是比較。比如一個賣電腦的商家，想把一個二百元的四GB記憶體賣掉，顧客可能買，也可能不買。但如果商家告訴顧客，一臺四GB記憶體的電腦要賣四千八百元，而一臺八GB記憶體的電腦只需五千元。顧客可能就會覺得，電腦性能高了一倍，卻只需要多加二百元，很划算。雖然本質上都是多一個四GB記憶體就多二百元的邏輯，卻給顧客完全不一樣的感受。

基本比例謬誤還有另外一種表現形式。

假設有一大一小兩個盒子。A盒子小一些，裡面有二十塊餅乾，其中一塊是巧克力餅乾；B盒子大一些，裡面有兩百塊餅乾，其中十塊是巧克力餅乾。如果想要一塊巧克力餅乾，你會從哪個盒子裡拿？

大多數人會選擇從大盒子裡拿。其實，只能拿一次的話，從兩個盒子裡拿到巧克力餅乾的機率是一模一樣的，都是二十分之一。但因為基本比例謬誤，人們會覺得從大盒子裡拿到巧克力餅乾的機率大一些。

這種二百分之十「顯得」比二十分之一大的現象，是基本比例謬誤的又一種表現。覺得百分之五十比百分之十優惠，這是「顯性」的基本比例謬誤；而覺得二百分之十比二十分之一大，這是「隱性」的基本比例謬誤。

為了研究「隱性」的基本比例謬誤，韋羅妮卡·德內斯拉賈（Veronika Denes-Raj）和西摩·艾波思坦（Seymour Epstein）在一九九四年做了一個極致的實驗。他們把紅珠子和白珠子一起裝進若干個透明容器裡。珠子少的容器裡有百分之十是紅珠子，珠子多的容器裡有百分之五～百分之九是紅珠子。受試者需要從一個容器裡拿珠子，拿到紅珠子有獎。

結果，百分之二十八的受試者選擇珠子多的容器；也就是說，在「隱性」的基本比例謬誤作用下，人們會不顧低比率而選擇珠子更多的容器。

那麼，這個多變的基本比例謬誤心理還能解決哪些問題呢？

一個賣單眼相機的電商如果想讓消費者覺得相機超值，就可以根據「顯性」的基本比例謬誤，做「買一送三」、「買一送六」或者「買一送二十五」的活動。比如，買一臺單眼相機送二十五個小配件，這些小配件可以是拭鏡布、相機包、讀卡機等。「買一送二十五」這種「看上去」

是二十五倍的基本比例謬誤，會在消費者心裡產生巨大的價值感。

無論是商家還是消費者，都需要瞭解一些消費心理學。這樣一來，作為商家，才知道如何更大程度地讓消費者感知商品的價值；作為消費者，才會知道商家為什麼會這麼做。

掌握關鍵

基本比例誤謬

第一，促銷時，低價商品用打折的方式，可以讓消費者覺得優惠很多；高價商品則用降價的方式讓消費者感到優惠。也就是說，價格低的時候講比例，價格高的時候講數值。

第二，用換購的方式，讓消費者在心理上把注意力放在價格變化比例很大的小商品，這樣會產生很划算的感覺。

第三，把廉價的配置品搭配貴重商品一起賣，比單獨賣這個廉價商品更容易讓消費者產生價值感。

延伸思考

職場or生活中，可聯想到的類似例子？

04

啟動亮點

對人類來說，失去所帶來的痛苦，比等價、等量得到而產生的快樂，強烈二．五倍。

損失趨避——

調整「得失感」，消除購買阻力

假設一個人在上班路上撿到了一百元，他剛要高興，錢突然被風捲走了。也就是說，這個人先撿了一百元，後來又丟了一百元，快樂和懊惱正好相互抵消，他似乎應該回歸撿錢之前的平靜狀態。可是大部分人經歷這件事後，一天的心情都不會太好。**得到的快樂並沒有辦法緩解失去的痛苦，心理學家把這種對損失更加敏感的底層心理狀態叫作「損失趨避」**。甚至有科學家研究發現，損失帶來的負作用是同樣收益帶來的正作用的二．五倍。

基於人類這種源自遠古時代的損失趨避心理，產生了很多有趣的現象。

舉個例子，有位老人想趕走經常來草地上玩耍的小孩，他想了一個辦法，對這群小孩說：「我喜歡熱鬧，你們明天接著來玩吧！你們只要來玩，我就給每個人發十元。」這群小孩喜出望外，第二天都來了，每個人都得到了十元。就這樣過了幾天之後，老人說：「我不能再給你們每人十元了，從明天開始，只能給五元。」這群小孩雖然有些不高興，但還是接受了。又過了幾天，老人提出只能給每人一元了……這群小孩非常生氣，說：「一元太少了吧，以後我們再也不來了。」

一開始沒有錢這些小孩也玩得很開心，可後來即使能拿到一元都不去玩了，為什麼？因為這個老人先給每人十元，讓孩子們享受到了拿十元的快樂，最後又拿走了其中的九元。雖然剩了一元，但對孩子們來說，失去九元的痛苦遠遠大於拿到一元的快樂。這位老人就是利用了人類最基本的損失趨避心理。

那麼，面對消費者因為損失趨避而產生的心理阻力，商家應該怎麼辦呢？

第一種應對損失趨避的方法是語義效應，用獲得的表述框架來替代損失的表述框架。

舉個例子，一個基督徒問神父：「神父，請問禱告的時候可以吸菸嗎？」神父痛斥他：「當然不可以！禱告的時候必須非常虔誠，怎麼能吸菸呢？」這個基督徒想了想，換了一種問法：「那請問神父，吸菸的時候可以禱告嗎？」神父說：「當然可以，孩子，在任何時候，你都可以禱告。」

因為兩種問法表達的「語義」不一樣，所以基督徒獲得了截然不同的答案。

損失趨避讓人們非常厭惡「失」，而期待「得」。因此，通過調整敘述方式中的「得失感」，影響語義，就可以使人做出截然不同的決策。語義效應就是我們常說的「話術」。

在商業世界，運用語義效應可以解決哪些實際問題呢？

一個家具商場因為物流成本上升，決定以後不再為客戶提供免費的配送服務，每件家具另收二十元配送費。結果消費者對此非常不滿。這時，商場負責人可以嘗試把配送費直接加到商品價格裡，然後換一種說法：如果消費者自己把家具運回家，商場可以給他便宜二十元。這樣一來，表述的重點就從「失」變成了「得」。雖然本質上沒有差別，但消費者明顯對第二種說法的接受程度要高得多。

假設一家網店的產品已經很便宜了，但消費者總是糾結於六元的運費，這時店主可以嘗試加價含運的辦法。對消費者來說，不含運就是在低價之上「失」了郵寄費；含運則是在高價之上「得」了免費郵寄的服務。「水水，含運哦」這句話就是語義效應的極致體現。

反過來看，「走過路過，不要錯過」、「限時特價」、「還剩最後兩套了」、「全球限量」……這些話術都是在利用語義效應中的「失」，刺激消費者立即採取行動。

第二種應對損失趨避的方法，是用換購（以舊換新）的方法來替代打折。

假設還是前文提到的那個家具商場，一位消費者很喜歡商場的沙發，可就是下不了決心購買，主要原因是他家裡已經有一個沙發了，如果把家裡的沙發扔掉實在太浪費。面對消費者的這種損失趨避心理，商場不妨推出「沙發以舊換新」的促銷政策：消費者把家裡的舊沙發拿過來，買新沙發時可以抵八百元。對消費者來說，這比直接把新沙發的價格降低八百元更有吸引力，因為這種方法幫消費者規避了損失。

基於損失趨避心理，商家還可以在條件成熟的時候大膽推出「無條件退換貨」，因為消費者一旦購買，就會非常害怕損失。

比如，消費者總是擔心家具買回去之後出現質量問題。商場無論怎麼承諾品質，還是無法打消消費者的顧慮，因為他們害怕損失。這時，商場可以換一種說法：家具七天無條件退換貨。商場不用擔心會有很多人來退貨，因為事實上，如果不是家具本身的質量問題，退貨的人寥寥無幾。因為消費者一旦購買商品，退貨換回的現金沒辦法彌補損失這件商品帶來的痛苦。

掌握關鍵

損失趨避

這是種失去帶來的痛苦，總是比等量的獲得所帶來的快樂，感受更加強烈的心理狀態。利用損失趨避心理，可以：第一，用換購（以舊換新）的方法來替代打折；第二，用獲得的表述框架來替代損失的表述框架；第三，條件成熟時可以大膽推出「無條件退貨」，因為消費者一旦購買，就會非常害怕損失。

延伸思考

職場or生活中，可聯想到的類似例子？

啟動亮點

消費者並不是為商品的成本付費，而是為價值感付費。錨定效應的邏輯就是讓消費者有一個可對比的價值感知。

05

錨定效應——

增加對比，讓你的商品被快速選中

有兩款淨水器，一款一千三百九十九元，一款二千二百八十八元。商家很想推薦二千二百八十八元的淨水器給消費者，可是發現大多數人都會買便宜的。為什麼會這樣？怎麼做才能讓消費者選擇二千二百八十八元的那款呢？

有的人可能覺得這很簡單，講清楚二千二百八十八元的淨水器好在哪裡不就行了嗎？可是，一個商品有多好，這個所謂的「好」值多少錢，消費者很難從理性的角度判斷。從理性的角度來說，消費者如果知道商品的合理成本、合理利潤以及市場上同類商品的價格，也許能做出一個理性的價格判斷。但是，面對大量的商品，消費者其實很難找到一個所謂的「合理價格」，因為合理價格不是由成本決定的，而是由消費者對商品的價格感知決定的。所以，如果商家想要推薦二千二百八十八元的商品，就必須讓消費者感知到它相對於別的商品具有超高價值。這就需要用到一個重要的商業邏輯，叫「錨定效應」。

有一次，我出差住酒店，想要打開筆記型電腦上網，發現酒店提供了兩種網路連線的付費方案：一種是八十元一小時，另一種是一百零五元一整天。當時我就想：八十元一小時，兩個小時就是一百六十元，而一百零五元卻可以用一整天，那多划算啊！於是我毫不猶豫地選擇了一百零五元的付費方案。剛付完費，我就意識到自己中計了！因為我用不了那麼久，只是上網收個信而已。其實，八十元存在的唯一價值就是讓我覺得一百零五元非常划算。八十元，就是所謂的「錨定效應」。

錨定效應，是一個叫特沃斯基（Amos Nathan Tversky）的人在一九九二年提出的。他認為，消費者對商品價格不確定的時候，會用兩個非常重要的原則來判斷價格是否合適。

第一個原則叫作「避免極端」。如果消費者發現一個商品有三種選擇——最低的版本功能有限，但是價格最便宜；最高的版本各方面都很極致，但是價格很貴；還有一個版本的功能和價格介於前兩者之間——那麼大部分人都不會選擇最低的和最高的，而是選擇中間的。這種情況被稱為「避免極端」。對企業來說，為了讓消費者購買推薦的商品，通常不會把這個商品放在最左邊和最右邊的極端位置，而是放在中間，這樣消費者選中它的機率就會更大。

第二個原則叫作「權衡對比」。當消費者無法判斷一個商品是貴還是便宜時，他會去找一些自認為是同類或者差不多的商品來做對比，讓自己有一個衡量的標準。這種情況被稱為「權衡對比」。

如何結合錨定效應，運用這兩個原則，讓消費者購買我們希望其購買的商品呢？

回到那款二千二百八十八元的淨水器上。如果商家特別想賣這一款產品，就應該避免極端。最簡單的辦法是讓產品部門再生產一款四千三百九十九元的淨水器——在外面鑲金邊，或者增加一些輔助功能。然後，把這三款商品放在一起賣。這時就會發現，以前只有一千三百九十九元和二千二百八十八元兩個款式的時候，大家都買便宜的，二千二百八十八元的可能根本賣不出去；而當多出了一個四千三百九十九元的款式時，中間價格的淨水器就會賣得比以前好很多。

假設有一款健檢產品的價格是六百元，商家可以採用這樣的廣告語：您願意每年花六千元來保養汽車，為什麼不願意花六百元來保養自己？這句廣告語可能會打動很多人，讓他們覺得確實有道理：我花六千元保養汽車，難道人還不如汽車嗎？消費者一旦形成這種權衡對比意識，健檢產品的價值感就會非常明顯。很多時候，商家並不需要宣傳商品本身的性能，只需要找一個價值感、性價比不如該商品的東西來做對比，該商品的優勢立刻就能突顯出來。

錨定效應，相當於往消費者的價值評判體系中放入了一個參照物，這個參照物在消費者心中形成了「錨定效應」。

其實，「錨點」帶給人們的心理作用，遠不止表現在「價格」這一方面。一切都是相對的。人們判斷任何一個未知事物時，都希望找到一個已知事物做參考。理解消費者基於錨定效應的評價體系後，我們會發現，設錨、改錨、移錨等方式，在商業世界中無處不在。

某人文案寫得很好，但老闆總讓他改，怎麼辦？把競爭對手寫得很差的那份文案一起交上去，用錨定效應重建老闆心中的評價體系。「職場老手」甚至會始終準備三份文案，其中一份就用來當靶子和錨，以體現另外兩份文案的價值。

不少房產仲介會帶客戶看兩套類似的房子，其中一套比另一套更便宜，而且各方面條件都更好。各方面都差的那套房子就是在客戶心中拋下的「錨」，用來重建他的評價體系。甚至有些黑心仲介人為製造「錨定效應」，故意把某賣家的房子提價，只為當作性價比的錨點。

客戶走進一個賣玉石古玩的商店逛了一圈，買了個鑰匙圈就走了，怎麼辦？老闆可以試著在店門口放一個鎮店之寶，比如價值百萬的古董。客戶讚嘆以後再進店，就會覺得什麼都便宜了。德國著名玩具商史蒂福公司（Steiff）的金耳釦泰迪熊，全球限量一百二十五隻，每隻售價八．六萬美元；英國 **Luvaglio** 公司（奢侈品製造商）的鑽石筆記型電腦，標價一百萬美元。這些商品都賣不出去幾個，商家為何如此大費周章？其實就是為了在消費者心中拋下一個「錨」，用來表示「我們的東西很貴，你買到手的那個太划算了」。

攝氏四十度的水，是熱水還是涼水？這取決於你的體溫。這頓飯，好吃還是難吃？這取決於你的饑餓程度。所有的感受都是相對的。商家通過設定、改變、移除消費者心中的參照物，可以影響消費者的評價體系。

掌握關鍵

鍺定效應

運用錨定效應來引導消費的兩個原則：第一，避免極端：在有三個或者更多選擇的時候，許多人不會選擇最低或最高的，而是更傾向選擇中間價格的商品。第二，權衡對比：消費者無從判斷價值高低時，會選擇用同類型商品來做對照，讓自己有一套可供衡量的基準。

延伸思考

職場 or 生活中，可聯想到的類似例子？

啟動亮點
當優點占上風時，要勇敢躋身聯合評估，反而能對比出勝算！

06

聯合評估——

揚長避短，產品才不會被比下去

一家冰淇淋店的店長把一球精緻的冰淇淋裝在精美的大杯子裡，點綴了很多糖果碎片，以突顯其尊貴價值。她滿心以為消費者會驚嘆加驚喜，紛紛排隊購買。可這款冰淇淋推出後，消費者對它的喜愛程度甚至還不如其他普通款。這位店長很苦惱：如此精美的冰淇淋卻不受歡迎，怎麼辦？

這個問題的本質，是用「大」杯子裝「小」冰淇淋，引發了消費者（對商家不利）的「聯合評估」心理。

什麼是聯合評估心理？我先舉個例子。

曾經有經濟學家針對這個「冰淇淋問題」做過實驗。首先，擺出兩份看上去差不多的冰淇淋：一份重約二百克，裝在一個容量約為一百五十克的小杯子裡；另一份重約二百三十克，但裝在一個容量約為二百八十克的大杯子裡。經濟學家問受試者：你願意為哪一杯付更多的錢？測試結果讓人跌破眼鏡——大多數人願意花二．二六美元買二百克的小杯冰淇淋，但只願意花一．六六美元買二百八十克的大杯冰淇淋。

為什麼會這樣？因為把「冰淇淋」放進「杯子」之後，消費者會自然而然地將這兩樣東西作為整體來評判。二百克的冰淇淋，因為用了小杯，所以整體上顯得多；而二百八十克的冰淇淋，因為杯子太大，反而顯得少。受試者願意為「顯得多」二百克冰淇淋支付更多費用。

這就是聯合評估心理。評價一個事物時，如果有明確的其他事物可做比較，人們就會聯合評估這兩個或兩個以上事物的利弊；否則，人們就會單獨評估。

因此，冰淇淋店店主可以嘗試這樣做：把精緻的冰淇淋球放在同樣精美但小兩號的杯子裡，再把糖果碎片撒在冰淇淋上，讓消費者拿到手忍不住就想舔一口。

其實，聯合評估還可以用在很多地方，不過，你要先記住下面這段口訣：

我強敵弱，聯合評估；我弱敵強，單獨評估；敵強我也強，單獨評估；敵弱我也弱，聯合評估。

具體怎麼用？我舉個例子。

假設一間雜貨店裡有一組餐具套裝，共四十件，其中二十四件是好的，其餘十六件都壞了。店主想清倉賣個好價錢，怎麼辦？二十四件好的，給人印象深刻；十六件壞的，給人印象也很深刻。敵強，我也強，怎麼辦？查一下口訣：單獨評估！把壞的都扔掉，只留二十四件好的。

二〇〇二年的諾貝爾經濟學獎得主丹尼爾·康納曼（Daniel Kahneman）對上述餐具套裝做過同樣的實驗。最後發現，消費者願意為二十四件好餐具支付三十三美元；但如果是二十四件好餐具搭配十六件壞餐具，消費者只願意支付二十四美元。所以，在這種情況下，寧可把壞的扔掉，也不能白送。

假設有一個做服裝的商家，他沒有品牌優勢，應該在街邊開一家專賣店，還是在購物中心開專櫃呢？自己的品牌優勢弱，購物中心裡大牌的品牌優勢強。我弱敵強，查一下口訣：單獨評估。所以，他應該選擇在街邊開專賣店。

假設一個做日用品的商家，因為供應鏈優勢，商品的性價比極高。這個商家在猶豫是開專賣店，還是開專櫃，怎麼辦？自己商品的性價比高，購物中心其他商品的性價比明顯要低。我強敵弱，查一下口訣：聯合評估。所以，他應該在購物中心開專櫃。

評價一個事物，如果有明確的其他事物可做比較，人們就會「聯合評估」利弊；否則，人們就會「單獨評估」。記住前面的口訣，商家就能基於這種消費者心理使出萬千招數，獲取商業上的成功。

掌握關鍵

聯合評估

評價一項事物，若有明確的其他事物能當作比較標準，人們就會聯合評估這兩個或兩個以上的事物之利與弊；反之，人們就會傾向單獨做出評估。而企業、店家就是基於此一消費者心理，制定出千變萬化的經營策略。必記口訣：我強敵弱，聯合評估；我弱敵強，單獨評估；敵強我也強，單獨評估；敵弱我也弱，聯合評估。

延伸思考

職場or生活中，可聯想到的類似例子？

07

現狀偏見——讓消費者產生改變的動力

啟動亮點

比「得不到」和「已失去」更加珍貴的東西，就是「即將失去」。

某人是政府部門負責拆遷的工作人員，每次拆遷都令他頭疼，因為住戶提出的賠償要求總是遠大於房子的實際價值。這位工作人員能夠感受到，住戶並不是故意獅子大開口，只是真的不想搬。怎麼辦？

住戶會普遍高估房子價值，原因之一是他們不願意改變已經習慣的「現狀」。如果一定要改變，就需要付出額外成本，對沖改變阻力。這種不願改變的心理現象叫「現狀偏見」。

一九八四年，肯尼斯基（Knetsch）和辛登（Sinden）做了一個實驗。

他們給學生隨機發放杯子或糖果，過了一會兒，他們告訴學生：「你們可以選擇把手中的東西換成另外一種自己更喜歡的。」這些物品是隨意發放的，也沒有替換成本，但是，學生中有百分之九十的人都選擇不換。

這個實驗很有趣。因為物品是隨機發放的，所以並不能保證拿杯子的人正好喜歡杯子，拿糖果的人正好喜歡糖果。在這種情況下，高達百分之九十的人都選擇不換，只能說明：大多數人都不想改變現狀。如果真想改變現狀，就必須付出額外的代價。

那麼，這個「額外的代價」有多高呢？

某人去買二手車，看中一輛寶馬，標價五十萬元。他很喜歡，但只願出價四十萬元。車商猶豫了一下答應了。他很高興，於是付了錢，開著車去加油。加油站老闆也看上了這輛車，想出五十三萬元買下來，但他毫不猶豫地拒絕了。

回到家後，他突然醒悟。在購買之前，他覺得這輛車只值四十萬元，到手後，別人出價五十三萬元他都不賣。他白白損失了十三萬元的差價，僅僅因為自己已經擁有了這輛車，不想改變現狀。

在現狀偏見的影響下，即使改變現狀更有利，人們也不願改變。

開篇那位負責拆遷的工作人員可以使用「回遷策略」：提供中繼宅供拆遷戶居住，並承諾幾年後可以回到原址。當人們在新房生活一段時間後，原有的現狀偏見被打破，新的現狀偏見開始形成，人們對舊房的感情逐漸淡化，新房變成了家，政府的拆遷任務就更容易完成。

住戶原本要求用巨額資金克服他們的現狀偏見，但政府最終用新的現狀偏見克服了舊的現狀偏見。

現狀偏見還能用來解決哪些實際問題呢？

一塊標價十萬元的高級地毯，富人都不敢隨便出手買下，怎麼辦？商家可以提供試用服務，並對客戶說：「我覺得你和這塊地毯有緣分。這樣，我幫你把地毯送到家，鋪好，你用一個星期。如果沒有緣分，我再派人拖回來。」一個星期後，商家再打電話，很多富人就真的買了。這種「緣分」就是現狀偏見，再拖回去就像是損失了二十萬元。

朋友向你借一萬元，你可以借，但怕他不還，怎麼辦？錢借出去之後，因為現狀偏見，對方會慢慢把錢當成自己的，有錢也不想還。因此，你在借錢的時候，可以要求按月付息或者分期還款。這就是在不斷提醒對方：錢不是你的。防止形成現狀偏見，欠債不還的機率就降低了。

某人是賣線上影音會員服務的，說服用戶很難，怎麼辦？他可以向電信公司學習，給消費者打電話說：「我給您從十M的寬頻免費升級到了一百M。免費試用三個月，三個月後您可以打電話過來取消一百M，回到十M。」你可以猜一猜，三個月後，用戶能克服現狀偏見，打這個電話嗎？

現狀偏見，是一種即使改變現狀更有利，也不願改變的心理。營造「現狀」，提高消費者的「改變」成本，利用現狀偏見化解現狀偏見，是商業世界眾多問題的解藥。

我們常說，比「得不到」和「已失去」更珍貴的東西，是「將失去」。認識了現狀偏見就不難理解其中的原因了。

掌握關鍵

現狀偏見

人們會高估即將失去之物的價值，是因他們不願改變已習慣的「現狀」，以及改變所需額外付出的成本代價，這種不願改變的心態就是「現狀偏見」。

延伸思考

職場or生活中，可聯想到的類似例子？

啟動亮點

未來才可得到的事物，就算目前零風險，也會因為必須等上一段時間，導致事物的心理價值感被打了折扣。

08

跨期偏好——

為用戶減輕等待的焦慮

我有一個做顧客經營的朋友，他每年年底都會選出當年最有價值的用戶，邀請他們去各大景區開會，變著花樣地給他們發獎。用戶雖然很高興，但是這個花費巨大的活動並沒有對用戶的行為產生很大的激勵。

用戶的行為——登錄、使用、購買、評分，幾乎發生在全年的每時每刻，而「最具價值用戶」的評選卻發生在年底。一個遠期激勵對當下的行為能產生多大的影響？你的獎勵我很喜歡，可是距離年底還有一整年，也太遙遠了。這就涉及人們對於時間的複雜心態了：用戶有一種跨越時間期限的選擇心理，叫「跨期偏好」。

舉個例子。假設你中獎了，現在有兩種選擇：A.立刻拿到四百五十元；B.一個星期後拿到五百元。這兩種選擇都沒有風險，百分之百能拿到獎金。你選哪一個？

雖然會有很多人選擇B，但是也會有不少人選擇A，現在就拿走四百五十元。

選擇B的人可能會覺得，選A的人也太不理性了。現在只有四百五十元，一週後就變成了五百元。這就相當於把四百五十元存一週，獲得五十元的確定收益，年化報酬率超過百分之五百。為什麼還有人選擇A？

每個人腦中都有一個叫「時間折扣」的東西。簡單來說就是：未來才能獲得的東西，就算毫無風險，但因為需要等待一段時間，它的價值就打了折扣。對有些人來說，因為他們的時間折扣太高，一週後的五百元，打完折在心中還不值四百五十元，所以他們選擇了A。

一個人的時間折扣愈大，就愈不理性；大到一定程度，甚至會呈現為病態。許多成癮症、孤獨症、暴飲暴食症患者，患病原因都在於時間折扣顯著高於常人。長久的健康打完折，遠不及即時的享樂。

很多人可能會想：那我算是一個正常人嗎？時間折扣的高低是相對的。總體來說，相對於「延遲滿足」，大部分人都有對「即時滿足」的偏好，也就是所謂的跨期偏好。

那麼，開篇我這個朋友應該怎麼辦？他不妨嘗試把計劃用於贊助旅遊的大獎勵，折算成按月發放的小獎勵，甚至是每次購物之後的小紅包，給予用戶即時滿足。這種方式可以對大多數用戶起到更好的激勵作用。

時間折扣聽上去很可怕，但並不複雜。之所以說跨期偏好是一個相當複雜的心理，是因為我們的潛意識在不理性地計算時間折扣時，對時間的長短、遠近的判斷更加不理性。

比如前面提到的那個問題，「現在四百五十元和一週後五百元」，不少人會選擇四百五十元；但如果改成「一年後四百五十元，一年零一週後五百元」，多數人就會選擇五百元了。

這又是為什麼？因為時間在用戶心中並不是均勻分布的。雖然都是一週的差異，但對用戶來說，「一年零一週」中的一週，比當下的一週要短得多，甚至可以忽略不計，所以，當然選更多的五百元。也就是說，距離現在愈遠的時間，感覺上就愈短。

在商業世界中，跨期偏好還能解決哪些問題？

某商家計畫組織一個抽獎活動，正在猶豫是週一抽獎、週六發獎好，還是週四抽獎、下週二發獎好。雖然間隔都是五天，但是人們對時間的判斷並不理性。多數人會覺得，週四到第二週週二這段時間比週一到週六長。所以，為了減輕用戶等待的焦慮感，商家應該週一抽獎、週六發獎。

某公司要在一個月後的七月一日給員工發獎金，和員工說「七月一日發」好，還是說「一個月後發」好呢？雖然本質上都是同一天，但「時間段」給人的感覺比「時間點」更近。所以，說「一個月後」發，員工更覺得指日可待。

什麼是跨期偏好？未來的收益，因為要等待一段時間才能拿到，它的價值就被打了折扣。折扣的大小不同，導致有人只想及時行樂，有人卻能通過延遲滿足發展出一種能力：為了獲得長遠利益，抑制短期歡愉。對用戶跨期偏好心理的深刻洞察，成就了無數企業。

掌握關鍵

跨期偏好

人人腦中都有「時間折扣」，產生的折扣感大或小不同，以至於有人只想及時行樂，有人卻能延遲滿足，為獲得長遠利益，抑制眼前歡愉。相對「延遲滿足」，大部分人都有「立即滿足」的偏好，也就是所謂的跨期偏好。

延伸思考

職場or生活中，可聯想到的類似例子？

啟動亮點

不能有「不管黑貓白貓，抓住老鼠就是好貓」的心理，因為有時候瞎貓也會碰到死耗子。

09

結果偏見——

避免錯誤歸因，看清事物本質

經典的經濟學有兩個基本假設：第一，資訊總體是對稱的，也就是說，你知道的，我大概也會知道；第二，人總體是理性的，總是能做出對自己最有利的選擇。

可是，行為經濟學的研究卻告訴我們：其實，人在很多情況下並不真的那麼理性。

假設某銷售經理在公司管理一個銷售團隊，到了月底，他拿到銷售月報表一看，大吃一驚：一個看起來自由散漫、不太可能有業績的員工，這個月居然做得非常好；而另一個非常有打法、業績也一直很穩定的員工，這個月的業績卻令人失望。

對銷售經理來說，這兩個員工的獎金該發多少就發多少，這不是問題。但是他還面臨另外一個特別重要的選擇：這個月的「優秀員工獎」該發給誰？

有人可能會說：當然是發給業績最好的員工了，不但要給他發獎，還要請他向全體員工分享工作心得，讓所有人都學習他的成功經驗。

如果經理真的這麼做，他就犯了一個很可怕的錯誤，叫「結果偏見」。**結果偏見，指的是我們看到一個人獲得了成功，就立刻認爲他的所有行爲都是正確的、有道理的。**可是，成功者就真的有經驗嗎？有沒有可能，他自認為的經驗恰恰是阻礙他獲得更大成功的絆腳石呢？

後來，銷售經理做了調查，發現這個月業績突飛猛進的員工其實是選擇了一種非常危險的打法，獲得成功的機率只有百分之二十；而另一個員工選擇的是一種非常聰明的打法，有百分之八十的機率獲得巨大的成功。如果銷售經理號召所有人都向前者學習，就相當於號召所有人都把未來的業績押在小機率事件上，這會把整個公司置於非常危險的境地。

成功是由努力和運氣共同決定的。正確的做法應該是克服結果偏見，分清楚哪些成功是靠努力得來的，哪些是只憑運氣。不能有「不管黑貓白貓，抓住老鼠就是好貓」的心理，因為有時候瞎貓也會碰到死耗子，但瞎貓一輩子能碰到幾回死耗子呢？

有一份調查顯示，百分之六十一的企業會在創立五年左右退出市場，百分之七十九的企業會在創立十年左右以失敗告終。失敗企業的數量要遠遠多於成功企業的數量。**結果偏見會讓我們從正確的結果推出錯誤的原因，又因爲堅信並且執行這個錯誤的原因，從而滑向失敗的深淵。結果偏見，讓很多企業最終死於「錯誤的歸因加上正確的執行」。**

在商業世界裡，結果偏見的例子隨處可見。當某家公司如日中天的時候，我們會覺得它做什麼都是對的，它的每一位員工都值得稱讚，公司創始人在任何公開場合分享的觀點都值得仔細研究，比如，「招人的七大法則」、「開發軟體的六大工序」、「對未來世界的四個判斷」等。在結果偏見的影響下，很多人最後「死」在了這種因果錯亂的學習之中。

既然非理性的結果偏見如此可怕，我們應該如何避免這種心態呢？

第一，要在歸納法之後加上演繹法。從結果推導出原因的過程叫「歸納」。不管是成功者自己歸納，還是別人幫他歸納，得出原因之後一定要再做一件事，就是運用「演繹法」，從原因推導看是不是真的能得出原來的結果。比如，很多人說谷歌（Google）之所以成功，是因為招到了最優秀的人才。我們在接受這個原因之前，不妨試試推導，在谷歌剛剛創立、並不被看好的時候，真的有那麼多優秀的員工加盟谷歌嗎？再比如，在阿里巴巴創建早期，有些人甚至覺得電商都是騙子，它到哪裡招最優秀的人才呢？可能恰恰是這些被外部認為不怎麼優秀的人創造了成功，然後才吸引了很多優秀的人陸續加盟。

第二，用三個問題武裝自己。「這個結果真的有人為可控的原因存在嗎？」、「這位分享人真的知道人為可控的原因是什麼嗎？」、「他如此引以為豪的東西，有沒有可能恰恰是寶玉上的瑕疵呢？」

掌握關鍵

結果偏見

我們看到一個人獲得了成功，就立刻認為他的所有行為都是正確的、有道理的。這種非理性的結果偏見，會讓我們從正確的結果推論出錯誤的原因，又因為堅信並且執行這個錯誤的原因，走向失敗。要避免結果偏見有兩個方法：歸納之後再演繹，以及捫心三問。

延伸思考

職場or生活中，可聯想到的類似例子？

啟動亮點

薪資是用來支付給責任的，責任愈大，薪資愈高。加薪，是因為承擔了更大的責任。發獎金，才應該用來獎勵突出的業績。

10

適應性偏見——

打破習以為常，增強幸福感

有一個員工，最近幾個月表現非常出色，他帶領團隊刻苦攻關，拿下了一筆大訂單，為公司創造了不菲的利潤。而且，他的工作方法也很值得向其他員工推薦。這個時候，公司準備好好地獎勵這個員工，可是怎麼獎勵好呢？是加薪還是發獎金？

這是公司一個常見的場景。有人可能覺得應該加薪，代表公司對員工的認可。但是公司領導需要斟酌，加薪也許並不是最適合的方式。

為什麼？假如給這個員工漲了薪資，他有了更多收入，當時一定會很開心，決定要為公司做牛做馬。然後，他開始規劃了：這筆錢是交給老婆的，那筆錢是交給父母的，還有一筆錢是貸款買車之後每月用來還貸的……很快，漲的薪資就被分配完了。一個月過去了，兩個月過去了，到第三個月的時候，新的消費方式已經變成了習慣，加薪的激勵作用就完全消失了。

需要注意的是，加薪這種方式不是前文講過的「基本比例謬誤」，公司並沒有先給員工加薪，然後降回去，員工依然會持續獲得高薪資。但是，三個月後，員工獲得高薪資的快樂感已經沒有了。所以，加薪只能讓一個員工快樂三個月。

導致這種結果的原因是人的一種非理性心理，行為經濟學上稱之為「適應性偏見」，即**隨著時間推移，一個人對任何一件事都會慢慢習慣。好東西用久了會習慣，壞東西用久了也會習慣。**也就是我們常說的「習以為常」。

那麼，正確的做法應該是什麼呢？

正確的做法是：為突出的業績發獎金。薪資這種每月定時都會有、長久等量的東西，很容易產生適應性偏見。所以，薪資從來都不應該作為一種激勵手段。薪資是支付給責任的，責任愈大，薪資愈高。加薪是因為員工承擔了更大的責任，獎金才應該用來獎勵突出的業績。

適應性偏見無處不在。比如，新房子、新車剛買回來的時候，也許主人每天都很開心，沉浸在幸福之中，但時間一久就沒感覺了。再比如，很多人買了新手機、新電腦，不小心磕碰一下都會心疼半天，但是時間久了之後，就算摔在地上可能也沒什麼反應。

在商業世界和日常生活中，運用適應性偏見有「一個心法」和「三個方法」。

一個心法：打破別人和自己的適應性。

三個方法：延長幸福感、意外幸福感和對比幸福感。

第一個，延長幸福感。拿到年終獎金之後，你是一次性把購物車裡的所有東西都買了，還是一件一件地買？顯然，買完一件，充分享受，直到適應之後再買第二件，幸福感會更持久。同樣的道理用在顧客身上也是一樣，一套沙發買回家，再舒適，也會很快適應沙發的存在。如果商家能在每個季度寄送一套應季色調的靠枕布套，儘管成本很低，也會給顧客帶來一種「似乎整個家都重新裝修了一遍」的幸福感。

第二個，意外幸福感。年底紅包應該怎麼發？對會計來說，最簡單的辦法是把紅包直接加到薪資裡，扣完稅後一起匯入員工帳戶。但是，薪資每個月都發，員工早就適應了，一點兒新鮮感都沒有。更好的做法是老闆拿著真正的紅包，送到員工手上，然後說一些祝福和肯定的話語，這樣，員工的感知就會更強，因為這是意外之喜。對顧客也一樣，商家可以多給顧客一些「偶然和不可預測的激勵」。

第三個，對比幸福感。360安全軟體一開機就會提示「你的開機速度打敗了全國百分之九十二的電腦」，新浪推出加V制度、達人制度等，都是為了增加消費者的對比幸福感。與此類似的，還有騰訊的會員等級制度、勳章制度，讓忠誠的消費者通過對比產生幸福感。這種因為對比而產生的幸福感是動態波動的，永遠不會被適應。

適應性偏見，就是無論好的、壞的環境，人們最終都能適應。我們羨慕有錢人奢華的生活，但有錢人並不一定因此感到幸福。所以，只有得到的那一瞬間才快樂，失去的那一瞬間才痛苦。之後，終會適應。認識了適應性偏見，人們喜新厭舊的心理也就不難理解了。

掌握關鍵

適應性偏見

人們對好的、壞的環境，最終都能適應。我們羨慕有錢人奢華的生活，但有錢人並不一定因奢華而感到幸福。所以，只有得到的那一瞬間才快樂，失去的那一瞬間才痛苦。之後，終會適應。運用適應性偏見這種強大的行為心理，可以：第一，階段性地給予，延長用戶的幸福感；第二，不斷提供變化的刺激，給用戶意外的幸福感；第三，善用相互比較，讓用戶獲得對比帶來的幸福感。

延伸思考

職場or生活中，可聯想到的類似例子？

11

雞蛋理論——

參與感讓你的商品更值錢

啟動亮點

想辦法讓使用者參與到產品的設計中，甚至付出一些勞動，會有效促進產品銷售。

很多朋友都知道我喜歡吃小龍蝦。有一次，我沒忍住饞，在網上訂購了幾盒朋友推薦的小龍蝦蝦球。我原本以為把它放在微波爐裡熱一下就行了，沒想到，這家的小龍蝦叫「啤酒麻辣小龍蝦」，給出的建議吃法是：買一罐啤酒，把蝦球加熱後，再倒入啤酒，翻炒出鍋。我照做後，不知道為什麼，居然覺得特別好吃，味道「秒殺」全國各地的大酒店。

真的是因為這種小龍蝦特別好吃嗎？當然，這是基礎。但是，我感覺背後其實還有一個行為經濟學原理在起作用——雞蛋理論。

二十世紀五〇年代，某家食品公司發現自己的蛋糕粉一直賣得不好。研發人員不停地改進配方，消費者就是不買單。這個問題難倒了食品公司。最終，美國心理學家歐內斯特·迪希特（Ernest Dichter）發現，蛋糕粉滯銷的真正原因是：這種預製蛋糕粉的配方配得太齊了，家庭主婦們失去了「親手做」的感覺。於是，歐內斯特提出把蛋糕粉裡的蛋黃去掉，這個想法被稱為雞蛋理論。雖然增加了烘焙難度，但是家庭主婦們覺得，這樣做出來的蛋糕才算是自己「親手做的」。蛋糕粉的銷量因此獲得了快速增長。

後來，一位叫珊卓拉·李（Sandra Lee）的美國食品推銷明星根據雞蛋理論，提出了「七三法則」。就是說，如果使用百分之七十的成品（比如蛋糕粉）和百分之三十的個人添加物（比如雞蛋），就能用最少的勞動，把工業化的食品變成個性化的美食。

雞蛋理論，其實源於消費者的一種行爲特徵：人們對一個物品付出的勞動或情感愈多，就愈容易高估該物品的價值。

有人還專門為這種高估自己勞動價值的行為做過實驗。研究者找到一組摺紙大師和兩組非專業人士，要求他們按照複雜而詳細的步驟摺青蛙和紙鶴。摺完後，請他們對作品估價。研究者發現，非專業人士對摺紙大師的作品平均估價二十七美分，對自己創作的作品平均估價二十三美分，而對另一組非專業人士的作品平均估價只有五美分。也就是說，我們總覺得自己做的東西更值錢。

為什麼會這樣？美國行為經濟學家丹·艾瑞利（Dan Ariely）認為，這是因為人們對某一事物付出的努力不僅給事物本身帶來了變化，也改變了自己對這一事物的評價，付出的勞動愈多，產生的依戀就愈深。

這種現象，在宜家（IKEA）同樣可以看到。人們熱衷於購買宜家的半成品家具，回家自己組裝。所以，雞蛋理論也被很多人稱為「宜家效應」。

那麼，我們應該如何運用雞蛋理論呢？下面介紹兩個方法。

第一種，讓用戶有參與感。

談到參與感，很多人立刻想到了小米公司。小米公司通過讓早期用戶參與它的手機操作系統 MIUI 的功能和體驗設計，獲得了一批忠實的種子用戶，讓他們成為擴散的起點。這是一個經典案例。

另一個案例是蘋果公司的iPad。蘋果公司提供一項免費服務——雷射鐫刻。消費者可以自己構思並創作一段文字，由蘋果公司進行雷射鐫刻後發貨，增加消費者的參與感。

許多廠商，如一些鞋廠，也推出了訂做鞋子的服務，消費者可以自由選擇鞋帶的粗細和顏色，還可以鑲上美麗的水鑽。還有一些拉麵店、披薩店允許消費者自由選擇食材與配料。

第二種，讓用戶付出勞動。

勞動比參與感要更重要一些。浙江有一個烘焙零售業的民營企業老闆，開了幾百家連鎖店，他的店面裡有一張巨大的操作檯和一排椅子。這個老闆說，顧客可以在這裡動手製作蛋糕，然後再花錢買走自己的作品。據說這項DIY（自己動手製作）業務的毛利頗高，比店面賣成品蛋糕還要高。其實，如果沒有操作檯，還有更簡單的方法，比如在蛋糕裡放一卷奶油，讓顧客自己在蛋糕上寫「生日快樂」四個字等。

還有一些農家樂，讓客人釣魚，再把釣上來的魚賣給客人。儘管價格比市場上貴很多，但是客人不但樂於付錢，還會覺得自己釣上來的魚就是好吃。據說有些魚塘甚至安排工作人員潛在水裡，不斷往客人的魚鉤上掛魚。

掌握關鍵

雞蛋理論

也叫「宜家效應」，是指人們在一件物品上投入的勞動或者情感愈多，就愈容易高估它的價值。運用這套理論最簡單的方法就是：第一，讓用戶有參與感，比如投票、選擇、搭配等；第二，讓用戶付出勞動，把百分之三十的工作留給用戶自己做，這個商品就能在用戶心中價值倍增。

延伸思考

職場or生活中，可聯想到的類似例子？

12

機率偏見——繞過先入為主，驗證客觀機率

啟動亮點

事實上，人們的直覺和客觀機率常常是不相符的。不要太依靠主觀判斷，我們很容易陷入以偏概全、眼見為實和先入為主的機率偏見當中。

一個人參加一檔電視節目，很幸運地獲得了上臺抽獎的機會。舞臺上升起了A、B、C三扇道具門，主持人說：「一輛最新款的特斯拉就在其中一扇門之後，如果你猜對了就可以直接把車開走。」

全場沸騰了。選任何一扇門，猜中的機率都是三分之一。這個人猶豫了一下，選了B。這時，主持人打開了另外兩扇門中的一扇，這扇門後是空的。只剩兩扇門了，特斯拉必然在其中一扇門之後。主持人問：「我再給你一次選擇的機會，你堅持選B，還是選另外一扇門？」

統計顯示，大部分人在這種情況下會選擇堅持。理由是：現在無論

選擇哪扇門，猜中的機率都是百分之五十，既然機率一樣，還是相信直覺，堅持自己的第一選擇吧。

恭喜大部分人——都錯了！正確答案是：換。從B換成另外一扇門，猜中的機率會提高一倍。很多人一定很驚訝：為什麼？這和直覺不符啊！事實上，人們的直覺和客觀機率確實常常是不相符的。行爲經濟學家把人類自以爲的機率稱爲心理機率。而心理機率和客觀機率不吻合的現象，叫「機率偏見」。

機率偏見在生活中無處不在。

假設總共有一百件家事，你平常做了多少件？請認真算一算，不帶感情色彩地寫下來。按一家兩口人算，妻子和丈夫幹活的總數加起來應該不超過一百件。但調查發現，這個結果通常遠大於一百。

如果你去問一個喜歡在朋友圈晒寶寶的媽媽，她覺得自己的孩子有多可愛，相信大多數媽媽會認為自己的孩子是全世界最可愛的（至少也是全世界最可愛的娃之一）。但是，如果「可愛」有衡量標準的話，統計學告訴我們，其實全世界一半的寶寶的可愛程度都在平均水準以下。

由此可見，大多數人對比率和機率的感覺是有問題的。

為什麼會這樣？諾貝爾經濟學獎得主、行為經濟學家丹尼爾·康納曼認為，這種偏見主要來自三個原因。

第一，代表性偏差。這是一個很拗口的名詞，通俗來說就是「以偏概全」。比如，你曾經被某個地方的人騙過，發現身邊幾個人也有同樣的經歷，可能就會覺得這個地方的人都是騙子。這是非常可怕的代表性偏差。或者你發現自己的幾個好朋友都是雙魚座的，於是產生了「我和雙魚座比較合得來」的感覺。這也許無傷大雅，但也是以偏概全。假如你在賭場連贏三把，就覺得自己當天運氣真好，因此堅持玩下去，那麼代表性偏差就會請出真實的機率狠狠地教訓你一頓。

第二，可得性偏差，也叫易得性偏差。它的意思是，人們往往根據認知上的易得性來判斷事件的可能性。比如，一輛汽車在你身邊追撞了，車毀人亡，那麼在你心中，車禍發生的機率就會提高。媒體近期關於哪家上市公司的報導比較多，它的股票成為熱門股票，大家就會覺得它會大漲的機率很高。飛機失事引起關注，這時人們多半會覺得坐飛機很危險，但事實上，從每公里的死亡率來看，坐飛機比坐汽車要安全二十二倍。

第三，錨定效應。我稱之為「先入為主」，也就是說，第一印象會影響我們對一些人的喜好判斷，以及對一些事的好壞判斷。這些判斷很可能脫離現實，甚至不易撼動。比如，一個女孩的第一任男友品行不端，她可能就會認為「男人沒一個好東西」。

理解了這三個原因之後，我們該如何繞過認知偏差，讓心理機率和客觀機率更接近，從而做出正確的商業決策呢？給大家兩個建議。

第一個，學好數學。數學真的很重要，尤其是機率與統計。對於有辦法驗證客觀機率的問題，要求助於數學，不要依靠主觀判斷。

第二個，對於沒有辦法驗證客觀機率的問題，也不要過於相信自己的主觀直覺。諮詢專業顧問，或者傾聽身邊朋友的建議，用他們的人生經歷對沖你的先入為主。

掌握關鍵

機率偏見

人們的直覺和客觀機率常常是不相符的。行為經濟學家把人們自以為的機率稱為「主觀機率」，而主觀機率和客觀機率不吻合的現象，叫「機率偏見」。

延伸思考

職場or生活中，可聯想到的類似例子？

13

范伯倫效應——

炫耀需求讓產品備受青睞

啟動亮點

有時候，消費者購買某些產品，是為了獲得心理滿足。如果商家能做到讓消費者恰到好處地炫耀、不露聲色地「裝」，那麼商品賣得愈貴，愈有人買。

一家中高級服裝連鎖品牌的老闆經營了很久，但衣服銷量一直不慍不火。為了提高銷量和利潤，他打算重新定位產品，這時有兩個選擇：第一，全線降價，把定位拉低一點，用低價格帶動高銷量；第二，逆向漲價，反正賣得不多，不如多賺一點是一點。

有人也許會想：以現在的價格都賣不好，再漲價不是更賣不出去了嗎？當然應該降價！

真的不能漲價嗎？有沒有可能愈漲價反而賣得愈好呢？

有一種神奇的現象：在某些特殊情況下，商品愈貴，反而賣得愈好。這種現象叫「范伯倫效應」。

舉個例子，一位商學院老師為了啟發學生，給學生一塊美麗的石頭，讓他拿去菜市場，看看能賣多少錢。菜市場的顧客看著這塊漂亮的石頭，想著可以給孩子玩，還能當秤砣，願意出幾元買下。於是學生回來告訴老師：石頭最多只能賣幾元。老師讓他再拿到黃金市場試試。從黃金市場回來，學生很高興，因為居然有人願意出一千元買下這塊石頭。老師又讓他拿到珠寶市場賣，不可思議的事情發生了——有人開出了五萬元的價碼，甚至還有開價更高的。

這個故事是虛構的，但它試圖說明一個道理：商品的價格可能差異很大，關鍵是看賣給了誰，滿足了什麼需求。有些商品是專門滿足消費者的特殊需求的，比如炫耀需求。炫耀需求的神奇之處就在於，東西愈貴，愈值得炫耀，就能賣得愈好。

一八九九年，美國經濟學家托斯丹．范伯倫（Thorstein Bunde Veblen）在其著作《有閒階級論》中提出「炫耀性消費」。書中說道，消費者購買某些商品，並不僅僅是爲了獲得直接的物質滿足和享受，更大程度上是爲了獲得心理上的滿足。這就出現了一種奇特的經濟現象，即一些商品的價格訂得愈高，就愈能受到消費者的青睞。

回到那家服裝店的問題上來。那位老闆或許可以大膽地做個嘗試：把店鋪重新裝修一番，愈奢華愈好，賦予產品一個神奇的品牌故事，然後在價格標籤上直接加兩個零，這麼做也許會收到意想不到的熱賣效果。

炫耀性消費，是感性消費的一種。我們不從道德或倫理的角度來判斷它的好壞，只把它當成一種純粹的心理需求。正是這種需求，讓消費者的消費觀念從理性購買過渡到感性購買。經濟愈發達的地區，消費者經濟條件愈好，范伯倫效應就愈有可能被有效轉化為提高市場份額的行銷策略。

范伯倫效應或許會讓很多人感到激動：原來價格愈貴，賣得愈好！那我也把自己的商品標價改得高一些，生意不就好做了嗎？當然沒有那麼簡單。

運用范伯倫效應，有以下幾點需要注意：

第一點，貴不是目的，炫耀才是。貴但不能炫耀，是不會有人買的。貴的商品必須做到讓別人一看就知道它很貴。LV（路易威登）的包如果沒有LV圖案，Burberry（博柏利）的圍巾如果不是米黃色方格條紋，銷量就會減少。如果沒有這些經典標誌，別人怎麼知道我買了名牌呢？

第二點，窮人也有炫耀需求。這種需求有另外一個名字——「裝」，這是一種剛需*，一種就算沒有錢，也要展示自己優越感的強烈需求。比如，網上隨處可見的美圖照片，大家都知道是用修圖軟體美化過的，但有人就是裝作不知道。一到年底，朋友圈裡就會有人晒書單，但實際上，中國百分之四十二的成年人一年都看不完一本書。遇到「裝」的消費者，商家千萬記住：幫助他裝，不要揭穿他。

＊剛性（硬性）需求：相對於彈性需求，是必須的、基本的需求，在商品供應關係中受價格影響較小。

第三點，醫生甚至可以用范伯倫效應治病。曾經有研究者對十二名帕金森氏症患者進行實驗。他們把患者分成兩組，分別用兩種藥，一種一千五百美元一針，另一種一百美元一針。但實際上這兩種藥都是生理鹽水，都是安慰劑。實驗結果顯示，「貴藥」對患者病情的改善情況比「便宜藥」高出百分之九～百分之十。人們喜歡「貴」的心理甚至能幫助治病。

掌握關鍵

范伯倫效應

一種因為「炫耀性消費」心理導致的特殊現象：東西愈貴愈好賣。運用范伯倫效應時要注意，貴不是目的，能讓消費者恰到好處地炫耀、不露聲色地「裝」，才是核心。商家做到了這一點，商品就能愈貴愈有人買。

延伸思考

職場 or 生活中，可聯想到的類似例子？

14

確定效應——

「小確幸」為行銷方案增添吸引力

啟動亮點

在確定有小報酬的買一送一，與不確定有沒有大報酬的抽大獎活動之間，百分之七十的消費者，都會更傾向選擇有確定感的「小確幸」。

一個開便利店的商家為了增加人氣，拿出一小筆錢，打算做一次促銷活動。現在有兩種促銷方案：第一，針對某款牙膏，買一送一，吸引消費者；第二，針對同一款牙膏，購買即送一張刮刮卡，有十分之一的機率獲得大獎。

哪一種方案會更受歡迎呢？面對確定的小報酬（買一送一）和不確定的大報酬（抽大獎），消費者的偏好到底是什麼呢？要回答這個問題，我們就需要理解人性中一種有趣心理——確定效應（也叫風險規避）。

什麼是確定效應？先舉一個例子。

法國經濟學家、一九八八年諾貝爾獎得主莫里斯．阿萊（Maurice Allais）曾經提出過一個著名的「阿萊悖論」。有兩個賭局：賭局A有百分之百的機會贏得一百萬元；賭局B有百分之十的機會贏得五百萬元，百分之八十九的機會贏得一百萬元，百分之一的機會什麼都得不到。你選哪一個？

首先來計算一下這兩個賭局的「期望值」。第一個賭局，百分之百贏得一百萬元，很明顯，這個賭局的期望值就是一百萬元。第二個賭局呢？五百萬×百分之十＋一百萬×百分之九十八＋〇×百分之一＝一百三十九萬。顯然應該選第二個賭局，對嗎？

但是經濟學家阿萊用這個問題測試了大量的人。最後發現，絕大多數人選擇了期望值只有一百萬的A，而不是一百三十九萬的B。

有人會說：這也太不理性了吧！是的，絕大多數人就是不理性的，他們不願意爲了看似更大的收益而冒險放棄確定的、小一些的報酬。這就是著名的確定效應。

這個確定效應其實早就以各種方式流傳著。比如「二鳥在林，不如一鳥在手」。比如麻將牌裡的一句俗語，「平胡勝自摸」——別等報酬可能更大的「自摸」了，能贏錢就胡吧。再比如投資中的「見好就收」、「落袋為安」，都是確定效應的表現。

那麼，開篇那位便利店老闆應該怎麼辦？在確定的小報酬（買一送一）和不確定的大報酬（抽取大獎）之間，百分之七十的消費者更喜歡「小確幸」。所以，做一個看上去不那麼刺激的「買一送一」活動，會獲得更好的行銷效果。

確定效應還能解決哪些商業問題呢？

一個開咖啡店的商家也想搞促銷活動，有兩種促銷方案：第一，買三杯送一杯；第二，活動期間買咖啡直接打七五折。其實兩種方案本質上一樣。這時，商家應該選第一種方案。消費者每買三杯，就能「確定性地」拿到一杯百分之百免費的咖啡，人們偏愛「百分之百」這個數字，即使要為此付出代價。孫惟微在《賭客信條》一書中，把這種心理叫作「虛擬確定效應」。

假設你朋友手上有一個企畫案，有百分之五十的機會能賺三百萬元，百分之五十的機會能賺一百萬元，他正在猶豫該不該做。如果你是一個理性的投資人，應該用一百五十萬元把企畫案從他手上買走。為什麼？看上去，你的朋友受確定效應影響很大，這個企畫案的期望值是：三百萬×百分之五十＋一百萬×百分之五十＝二百萬。你用一百五十萬元買走這個企畫案，他「見好就收」、「落袋為安」了，你獲得了五十萬元的期望利潤（二百萬元期望收益減去一百五十萬元投資成本）。

人們在面對收益狀態時，大多都是非理性的風險厭惡者。面對有風險的大收益和確定的小收益，他們更希望「見好就收」、「落袋為安」，這就是確定效應。理解了確定效應，有助於我們設計出更有吸引力的行銷方案，做出更理性的投資策略。反過來看，那些獲得了大成就的人，是否正是因為克服了「見好就收」的確定效應，做到了「擁抱不確定性」呢？

掌握關鍵

確定效應

人們面對收益狀態的時候，大多是非理性的風險厭惡者。面對會有風險的大收益與確定的小收益相比，總會選擇「見好就收」、「落袋為安」，這就是「確定效應」。

延伸思考

職場 or 生活中，可聯想到的類似例子？

15

啟動亮點

常聽見的「反正都這樣了，不如乾脆那樣吧」、「一不做，二不休」等，就是反射效應在作祟。

反射效應——
損失者更願意承擔高風險

有一家公司，提供基於人工智慧的投資顧問服務，此業務可以根據大數據，針對任何一支股票自動提出投資建議，簡稱「智慧投顧」。投資者如果遵循這些投資建議，有不小的機會可能會賺大錢，但也有一定的風險會賠錢。這家公司向不少在股票上賺到錢的人推銷「智慧投顧」，滿以為這些人賺到錢了，風險承受能力更強，會有興趣試試。但沒想到，用的人非常少。

這家公司認為，賺到錢的人更激進，更偏好風險，因此容易使用高風險高收益的智慧投顧服務。可實際真的如此嗎？到底什麼樣的人更偏好風險，什麼樣的人更厭惡風險？

答案是：虧了錢的人更偏好風險。要理解這件事，就必須理解人性中的「反射效應」（也叫風險尋求）。

什麼叫反射效應？

舉個例子。假設一所學校的六百名師生被恐怖分子劫持。營救部隊提出兩種救人方案：方案A，可以救出兩百名人質；方案B，有三分之一的可能救出全部六百名人質，有三分之二的可能全部人質被殺害。該選哪一種？

大部分被問到這個問題的人都選擇了方案A。因為方案B太冒險了，雖然有可能救出所有人，但人質全部被殺害的機率更大；方案A雖然保守，但至少能確定救出兩百人。

這就是「確定效應」在起作用：處於收益狀態時，多數人都是風險厭惡者。

現在對這個問題換一種問法。營救部隊研究後，提出兩種方案：方案C，四百名人質會死去；方案D，有三分之一的可能救出全部六百名人質，有三分之二的可能全部人質被殺害。該選哪一種？

大部分被問到這個問題的人，都選擇了方案D。因為方案D雖然冒險，但至少有可能救出所有六百名人質；可方案C無論如何都要死掉四百人，這太讓人難以接受了。

有人可能已經發現了，AB組方案和CD組方案本質上一模一樣，只是表述方式不同。但很多人面對AB組方案不願冒險，選擇了方案A，救出確定的兩百人；面對CD組方案時，人們突然出現了和AB組方案截然相反的心態——絕不能允許四百人死去！那就「死馬當作活馬醫」，冒險選擇方案D，說不定六百人都能活下來。

處於損失狀態時，人們這種和確定效應截然相反的、突然願意承擔風險的心態，叫反射效應。

所以，處於收益狀態時，因為確定效應，人們更加厭惡風險，喜歡見好就收；處於損失狀態時，因為反射效應，人們更加偏好風險，傾向於賭一把。同一個人的風險偏好，在不同的狀態下其實是不一樣的。

本文開篇那家公司不應該把「高風險、高收益」的智慧投顧服務賣給已經賺到錢的人，這些人其實更加厭惡風險。相反，應該把這個服務賣給那些股票被套牢的人，他們才更願意賭一把：反正股票已經被套牢了，要不要試試智慧投顧服務？說不定能翻本，甚至賺大錢呢！

理解了人性中的反射效應，還能解決商業世界中的哪些問題？

舉個例子，理髮店A和理髮店B打價格戰，打得不可開交，雙方快撐不住了，怎麼辦？假設你是理髮店A的店長，應該先站在理髮店B的角度想一想：不打價格戰，一定會損失；繼續打下去，可能損失更大，但也可能打敗競爭對手。所以理髮店B一定會賭一把，咬牙堅持。這種情況下，你可以帶一筆錢去找理髮店B的店長，說：「打下去，兩敗俱傷；退出去，錢你拿走。」這樣一來，你就把他的處境從損失狀態變為收益狀態，他的心態也會從反射效應變成確定效應，因此理髮店B很可能會選擇拿錢，而不是打下去。

其實，我們平時經常說的「反正都這樣了，我就幹脆那樣吧」、「一不做、二不休」等句式，都是反射效應在作祟。

掌握關鍵

反射效應

同一人的風險偏好，若在不同的狀態下其實會不一樣。在收益狀態時，會因為確定效應而厭惡風險，喜歡見好就收；在損失狀態時，會因為反射效應而更加偏好風險，反而想賭一把。

延伸思考

職場 or 生活中，可聯想到的類似例子？

16

> 啟動亮點
> 你以為競爭對手的行銷活動辦得比較活潑有趣？不，是因為活動設計中能讓消費者心裡的迷戀小機率開關，悄悄被啟動了。

迷戀小機率事件——

給消費者超額的價值感

由於線下零售遇到挑戰，轉型開餐廳的商家愈來愈多，一家開在購物中心的特色餐廳因此被稀釋了不少客流。這家餐廳為了吸引更多人來吃飯，送米飯、送水果、送優惠券……很多方法都試過了，但引流效果愈來愈差。他們該如何開展有效的優惠活動，吸引更多客人？

這個問題的本質是：消費者究竟最喜歡哪種優惠方式？哪種方式最能讓消費者產生超出優惠本身的價值感？也就是說，同樣優惠一元，怎樣讓消費者感覺收到了三元、五元，甚至十元？要解決這個問題，就得理解「迷戀小機率事件」心理。

什麼叫迷戀小機率事件？

舉個例子。假設有兩樣小禮物，可以任選其一：A禮物是兩元現金；B禮物是一張花兩元買的彩券，這張彩券的中獎率很小，但最高獎有幾百萬元。你選哪一樣？

大多數人會選擇彩券。這個結果很有意思，為什麼要放棄兩元的確定收益，卻選一張有可能一無所獲的彩券呢？

還記得前文介紹過的確定效應嗎？多數消費者會選擇有確定收益的「買一送一」，而不願意冒風險去抽獎。為什麼一旦變成彩票，人們就做出截然相反的選擇了呢？

關於買彩券的行為與確定效應之間的矛盾，很多人都做了研究。研究發現，當涉及「小機率事件」時，在合適的情況下（比如成本很低，只有兩元），人們居然會從確定效應導致的厭惡風險者反轉爲偏好風險者，非常樂意賭一把。

為什麼會這樣？這是「僥倖心理」所致：反正損失也不大，萬一真的中獎了呢？確定效應、反射效應、迷戀小機率事件，這三種心理，交織著左右了人類面臨得失時的複雜心理活動。

在損失的時候，因為反射效應，人們會偏好風險，願意賭一把；在收益的時候，因為確定效應，人們會厭惡風險，選擇見好就收；但如果收益實在很小，人們又會「迷戀小機率事件」，心態會從厭惡風險反轉為偏好風險，為了大獎金寧願搏一把。

回到開篇的問題，那家餐廳可以嘗試策劃一場「擲骰子免費」的活動。如果顧客吃飯，一人送一瓶可樂，或者打九五折，他們可能一點兒感覺都沒有。試著換個方式：所有顧客吃完飯都可以充滿儀式感地擲三次骰子，一旦擲出三個六，這頓飯免費。

「擲出三個六，這頓飯免費」很有誘惑力。那擲出三個六的機率是多少呢？是六分之一×六分之一×六分之一＝二百一十六分之一。二百一十六分之一相當於九九五折，也就是千分之五。但是，顧客都會摩拳擦掌。就是這種迷戀小機率事件的心理，使得餐廳優惠一元，消費者會有優惠了三元、五元，甚至十元一般的獲得感。

運用迷戀小機率事件的心理，還能解決哪些問題呢？

某航空公司的消費者積攢了很多會員積點。對航空公司來說，這意味著積累了愈來愈多的兌現風險，所以他們很想讓消費者盡快把點數兌換掉，怎麼辦？航空公司可以試著做一些「點數抽獎」活動，比如，讓消費者用九十九個點數，抽獎換取《5分鐘商學院》的訂閱課程。會員可能會忍不住試試運氣，萬一呢？

一個淘寶電商想吸引大家關注自己的店鋪，應該怎麼做？商家可以試著做一個「一元秒殺」活動。某天上午十點整，推出三支一元的 **iPhone** 手機。很多消費者可能會忍不住等到十點來秒殺，萬一呢？

人性有時就是這麼糾結。這讓洞察人性變得困難而又充滿樂趣，更讓那些能夠洞察人性的人，把握住了商業機遇。

掌握關鍵

迷戀小機率事件

損失時，因為反射效應，人們會偏好冒險，願意賭賭看；收益時，因為確定效應，人們反而厭惡風險，寧願見好就收；但如果收益實在很小，人們又會「迷戀小機率事件」，從厭惡風險反轉為偏好冒險，願意為了大獎賭一把。

延伸思考

職場or生活中，可聯想到的類似例子？

17

划算偏見——給顧客一個占便宜的機會

啟動亮點

讓消費者覺得占到便宜，很重要；讓消費者覺得，是自己聰明的選擇戰勝店家而占了便宜，更加重要。

某餐廳設計了一個消費累積點數的活動，消費一元可以集一點，集滿二千點就能獲贈一道招牌大菜。但活動推出後，顧客的積極性並不高：我現在只有零點，離二千點太遙遠了，還是直接打折吧。

顧客並沒有覺得這個集點活動讓自己占到了便宜，或者覺得這個「便宜」太遙遠。**在交易中，人們對感覺上占便宜的心理偏好，叫「划算偏見」**。

舉個例子，幾位哥倫比亞大學和芝加哥大學的教授，曾經幫一家咖啡館設計過一個集點活動：顧客每消費一杯咖啡，就在集點卡上蓋一個章，蓋滿一定數量的章就送一杯咖啡。

這個活動看上去很簡單，但教授們做了兩種集點卡。一種集點卡上有十個空格，一種有十二個空格，隨機發給顧客。如果發的是十二個空格的版本，店員會在其中兩個空格裡先蓋上章，再給顧客。

有的人可能會想：這不是一回事嘛，同樣是剩十個空格，都是「買十送一」。

一個月後，這兩種集點卡基本上都蓋滿章收回了。雖然本質上都是「買十送一」，但十個空格的集點卡平均花了十五天蓋滿，而十二個空格的集點卡平均只花了十天就蓋滿了。

這個結果很有意思，為什麼會這樣？

因為「買十送一」的集點卡是從十分之零開始集點，而「買十二送二」的集點卡已經蓋了兩個章，是從十二分之二，也就是百分之十七開始集點的。雖然都是差十個章，但第二種情況讓顧客「感覺」占了百分之十七的便宜，因此積極性大增。

人們在交易時這種「多獲得」或者「少付出」的占便宜心理，就是划算偏見的體現。

回到開篇的案例，餐廳老闆可以嘗試把集點活動中的二千點改為二千五百點，然後設計一個小遊戲：只要顧客能報出八大菜系中的三個，就送五百點。「這也太簡單了吧！川菜、湘菜、粵菜。」、「太棒了，恭喜您獲得了五百點。」餐廳通過這種方式給顧客一個占便宜的機會，讓顧客站在五百點的基礎上看二千五百點，雖然還是差二千點，卻顯得沒那麼遠了。

在商業世界中，划算偏見還能解決哪些問題？

舉個例子。某人開了一家小餐廳，價格已經很便宜了，但顧客還是覺得貴，怎麼辦？

曾經有人做過調查，人們願意為附近高級酒店的啤酒支付二．六五美元，卻只願意為附近雜貨鋪的同款啤酒支付一．五美元。為什麼？同一瓶啤酒，在高級酒店買比在雜貨鋪買使人感覺「多獲得」了。多獲得了什麼呢？豪華裝修，音樂香氛，或者只是迎賓員開門時的一個微笑。

所以，老闆應該把小餐廳裝修一下，至少要鋪上潔白的餐布，再放幾盆美麗的鮮花。因為「多獲得」了更好的環境，顧客會覺得「好像也不算貴」。

某個賣會員服務的商家，想提高會員費，又怕用戶嫌貴，怎麼辦？商家可以試著用梯度的方式，逐級漲價。比如：每新增一千個會員，會員費漲一百元，直到會員總數達到一萬個。這樣一來，用戶買到的不僅僅是會員服務，還有早買比晚買划算的感覺。雖然這種感覺並不能對會員服務的內容和品質有絲毫改變，但用戶就是覺得「少付出」了，自己占到了便宜。

一個賣城市紀念品的商家，想讓遊客在自己的店裡看中就買，不要猶豫，怎麼辦？商家可以試著在每一件商品旁邊標上機場價格，這就相當於告訴遊客：如果現在不買，到了機場再買，必須付出的代價是多少。這樣一對比，遊客立刻就會覺得，在這裡買會「少付出」很多錢，買到就是占便宜。

便宜很重要；讓消費者覺得占到便宜，更重要；讓消費者覺得，是他自己最終戰勝了商家而占到便宜，最重要。

掌握關鍵

划算偏見

交易中，能夠更近距離、更快地「多得到」或「少付出」，在感受上覺得自己占了便宜的心理偏好，叫「划算偏見」。

延伸思考

職場or生活中，可聯想到的類似例子？

第2章

消費者需求

01 **真正的需求**—讓顧客無可救藥地愛上你的商品

02 **魔力**—創造無法割捨的情感共鳴

03 **麻煩**—解決顧客沒開口告訴你的困擾

04 **背景因素**—時機不對足以摧毀產品

05 **激發力**—讓你的產品叫好又叫座

06 **四十五度精進曲線**—緩慢的改進就等於平庸

07 **去平均化**—一次滿足一類顧客的差異化需求

08 **明日的需求**—未能實現的渴望+科技創新

09 **問卷調查**—弄清楚消費者真正想要什麼

10 **使用者訪談**—千萬別直接問消費者想要什麼

11 **優使性測試**—用最便宜、最快的方式糾正錯誤

12 **數據分析**—行為痕跡，把消費者的祕密告訴你

啟動亮點

只有深入理解用戶，以他們的雙眼及情感看向世界，才能創造出大眾難以拒絕、對手無法複製的產品。

01

真正的需求——

讓顧客無可救藥地愛上你的產品

某人是做太陽能板的，有一天，他靈感乍現：戶外愛好者徒步時手機沒電了怎麼辦？野外沒有插座，但抬頭就是太陽。用太陽能板充電，市場應該很大。

這個人興奮不已，決定大幹一場。經過幾個月的研發，他的公司隆重推出了掛在背包上的太陽能充電板，可以給行動裝置充電。他本以為這個產品會廣受歡迎，但除了早期嘗鮮者，市場反應非常平淡。他很苦惱，這麼好的東西，為什麼沒人喜歡？

需求，是整個商業世界系統動力的核子反應爐。如果「需求」這個原動力不足，後面所有的商業邏輯都是「沙地上的高樓」。而這個人把靈光一閃當創新，將產品的大廈建在了一個「偽需求」上。

我自己就是一個戶外愛好者，對徒步時手機沒電這件事很有體會。如果徒步時每晚都住酒店，因為用電方便，一個行動電源就能解決白天的問題。如果每晚都住在野外的話，以現在太陽能充電板的效率，一整天連一個小行動電源都充不滿。所以，徒步幾天就帶幾個行動電源，可能才是最佳方案。

那麼，什麼才是「真正的需求」呢？

被譽為「全球五十位最具影響力的商業思想家之一」的亞德里安・斯洛沃茨基（Adrian J. Slywotzky），在《需求》一書中舉了一個諾基亞1100」的例子。

任天堂的遊戲機 Wii，在上市五年內銷售了四千五百萬臺，非常厲害；同時期的摩托羅拉 RAZR 手機銷售了五千萬臺，PlayStation2 遊戲機賣了一・二五億臺，而 iPod 賣了一・七四億臺。那麼，諾基亞 1100 手機呢？二・五億臺。

為什麼？因為它滿足了一個真正的需求。

在亞洲南部，比如印度，因為乾旱、洪水、病蟲害以及市場波動，當地漁民和農民都非常貧困。農民們需要手機但買不起，甚至必須全村共用一支手機。

諾基亞洞察到了這個需求，並為此專門設計了一款手機。為了降低這款手機的成本，諾基亞簡化了絕大部分功能。這款手機還提供了一項大部分人都想像不到的功能：可以存儲多組獨立的聯絡人名單。為什麼？為了讓全村的人可以共用一支手機。此外，人們還能設定某次通話的話費限額，這樣就可以把手機當公共電話用。這就是著名的諾基亞1100手機。

雖然iPhone X大名鼎鼎，但「諾基亞1100仍然是迄今為止銷量最高的手機，無人超越。

由此可見，只有深入理解用戶，從用戶的雙眼和情感角度看世界，才有可能創造出用戶無法拒絕、競爭對手難以複製的產品。

具體應該怎麼做？亞德里安在《需求》這本書裡總結了「六大關鍵」。

第一，為產品賦予魔力。「非常優秀」不等於有魔力。有魔力的產品，能創造情感共鳴並把握市場方向。

第二，化解生活中的麻煩。因為麻煩，所以有需求。充斥在我們日常生活中的種種不便，指明了引爆潛在需求的光明之路。

第三，構建完善的背景因素。為了化解用戶身邊的麻煩，商家必須全盤兼顧，把所有相關因素聯繫在一起。

第四，尋找激發力。找到杠桿並撬動它，才能激發人們採取行動。

第五，打造四十五度產品精進曲線。到底要以多快的速度改進產品？一發布就更新，才能把東施效顰的模仿者擠壓到更小的空間中去。

第六，去平均化。從來沒有一種需求叫「平均需求」，要更精準地滿足各類消費者的不同需求，去除冗餘，填補缺陷。

研究「真正的需求」對個人有什麼價值？在這背後，其實是一種「中心轉移」的心態。「我對你這麼好，你居然不領情」，這句話的中心是

「我」，是自己；但是在對方心中，什麼才叫「好」，這才是「真正的需求」。願意從「自己在付出」的心態，轉換到「對方有收獲」的心態，這就是中心轉移，也是每個人都應該修煉的能力。

掌握關鍵

真正的需求

「真正的需求」蘊藏「中心轉移」的道理：「我對你好，你竟不領情」，這句話突顯你只考慮到自己。什麼才是「好」？對方心中認為的「好」，才是「真正的需求」所在。從「自我為中心」的心態，反轉到「對方有收穫」，人人都應當修煉這種轉移的能力。

延伸思考

職場 or 生活中，可聯想到的類似例子？

02

魔力——創造無法割捨的情感共鳴

啟動亮點 在發現真正需求的賽道上，贏家不一定是先行者，而是第一位基於產品功能創造出情感共鳴的人。

某人打算開一家咖啡廳，那麼，來喝咖啡、吃蛋糕的人，他們真正的需求是什麼？這個人覺得：只有衛生安全、好吃不貴才是真的好。於是，他請了手藝精湛的師傅不斷測試，終於做到了咖啡很好喝、點心很便宜、蛋糕很新鮮，他也終於把店開起來了。可是，市場幾乎毫無反應。

「毫無反應」，這是最令人生畏的四個字。這家咖啡店為什麼不能像星巴克一樣有「魔力」呢？

如果想要做出滿足了「真正的需求」，從而擁有核動力的、有魔力的產品，商家就要明白，功能本身並不能創造出魔力。

到底什麼才能創造出魔力？亞德里安在《需求》這本書裡，提出了一個公式：

魔力產品＝產品功能×情感訴求

在這個公式中，產品功能指的是「好用、價格實惠、方便省事、減少麻煩」；而情感訴求指的是「喜悅、溫暖、無拘無束、受人尊重」。產品功能是理性的、可參數化的「左腦需求」；情感訴求是感性的、非常衝動的「右腦需求」。

回到開篇的案例上，「咖啡很好喝、點心很便宜、蛋糕很新鮮」，這些都是產品功能式的左腦需求，而不是情感訴求式的右腦需求。那麼，怎麼做出滿足右腦需求的有魔力的產品呢？

關於有魔力的產品，亞德里安在書中舉了一個例子。

「共享汽車」這種商業模式，早在二十世紀的美國就出現了。一九九九年，羅蘋．雀斯（Robin Chase）開始創業，通過提供共享汽車來減少路面不必要的車輛，並創立了公司。這家公司就是後來最高估值超過十二億美元的獨角獸公司：Zipcar（計時租車網路共享平臺）。

與買車相比，Zipcar的會員每年能節省幾千美元，還不用將大把時間花在停車、維護、修理、保險等瑣事上。從產品功能上來看，省錢、省事還環保的Zipcar簡直就是對傳統汽車業的顛覆。

但從一九九九年創立到二〇〇三年，Zipcar發展得非常緩慢，只在三個城市擁有一百三十輛車和六千名會員。最終，夢想能改變世界的雀斯被董事會趕出了由自己創立的公司。

隨後，斯科特．格里菲斯（Scott Griffith）成為新任CEO，他開始著眼於用戶的情感訴求，對沒有加入Zipcar的「觀望派」做研究。研究結果只有一個字：遠。這些用戶覺得：一年能省幾千美元，很不錯；但要走三十分鐘路程取車，就有點遠了。為了幾千美元，多走幾步也不行嗎？答案是：不行。

「偷懶」有時候比「省錢」更重要，這就是情感訴求。

於是，格里菲斯認識到，Zipcar走向未來的關鍵在於密度。他迅速改變策略，把「多個地方分散投放」改為「在一個地方密集投放」，將取車時間縮短為五分鐘路程。格里菲斯的「即時密度」戰略，讓成千上萬人開始注意到 Zipcar 的魔力特質，公司大獲成功。

這就是情感訴求的力量。對於有魔力的產品，情感訴求與產品功能同等重要。

蓋洛普公司曾做過一項調查，那些對超市極端滿意的顧客，相對於其他顧客而言，到店次數更少，消費更低。由此可見，對超市的「產品功能」滿意，並不能對銷售起到增值作用。但如果增加「情感訴求」的連接，這些顧客平均每月的採購次數會從四．一次增加到五．四次，平均每次消費額會從一百六十六元陡升至兩百一十元。

所以，尋找「真正的需求」時，千萬不能只用左腦，不用右腦。

本文開篇那家咖啡店的負責人，可以試著在產品功能上增加一些情感訴求。

比如，在咖啡的拉花上打印一幅照片，或者寫上一些心情用語，如「快樂」、「驚喜」、「心情不錯」等，讓顧客喝咖啡時，有獲得這些心情的感覺。

再比如，在點心裡加一張祝福便條紙。美國的中餐廳會在餐後提供一種小點心，叫幸運餅乾（fortune cookie）。顧客咬開後，會發現裡面有一張字條，上面寫著「很快，你就會站在世界之巔」之類的話。這種幸運餅乾每年銷量高達三十億個。

除此之外，咖啡店負責人還可以嘗試把蛋糕做成獎狀的樣子，寫上「祝賀某某某，獲得最佳模範老公獎」。人們買蛋糕的真正需求，也許不是吃這個產品功能，而是慶祝這個情感訴求。

在發現真正的需求的賽場上，贏家不一定是先行者，而是第一個基於產品功能創造出情感共鳴的人。

掌握關鍵

魔力

魔力產品＝產品功能×情感訴求：

此公式中，產品功能是「好用、實惠、方便、不麻煩」，情感訴求則是「喜悅、溫暖、自由、尊重」。產品功能是理性的、可數據化的「左腦需求」；情感訴求是感性的、衝動渴求的「右腦需求」。

延伸思考

職場 or 生活中，可聯想到的類似例子？

啟動亮點

想搶一步解決顧客未開口的煩惱，就得先揭開自己的「麻煩」石板，仔細看看裡面「隱藏的需求」。

03

麻煩──解決顧客沒開口告訴你的困擾

某人做了十幾年電鍋，是行業中的專家。他心想：沒有人比我更懂電鍋，這個市場上早就沒有什麼未被發現、未被滿足的需求了；如果有，也早就有人做了。身處這種沒有新需求的行業，接下來該怎麼辦？

其實，這個世界上並沒有「被完美滿足的需求」。所有自滿的巨頭背後，都有一批不滿的消費者。只不過消費者的抱怨聲被媒體的讚揚聲掩蓋了。**掀開蓋住「麻煩」的石板，下面都是真正的需求。**

亞德里安在《需求》這本書裡舉了一個例子。

一九九七年，里德・哈斯廷斯（Reed Hastings）在整理舊東西時，突然發現了一卷錄影帶。這卷錄影帶是他在六個星期前租來的，居然忘了還。他趕緊算了算罰金——整整四十美元，這些錢已經足夠把錄影帶買下來了。

「忘記還錄影帶」這件事，給哈斯廷斯帶來了「麻煩」。大部分人面對這個麻煩，可能抱怨幾句就算了。而哈斯廷斯不同，他決定掀開這塊「麻煩」的石板，看看下面有沒有藏著什麼「需求」。

他在去健身房的路上突然冒出一個想法：為什麼不能像健身一樣，用月費或年費的方式購買服務？為什麼顧客必須要為每一卷錄影帶的使用天數付費呢？於是他開始著手實現這個想法，最終成立了一家公司，它就是今天如日中天的網飛（Netflix）——市值超過六百億美元，是二十一世紀成長最快的公司之一。

那麼，電鍋背後，有沒有被忽視的小麻煩？

我以前用電鍋，每次盛完飯都不知道把勺子放在哪兒。如果放在鍋裡，鍋就蓋不上了；如果放在桌子上，勺子就髒了。怎麼辦？為了解決這個問題，我每次都會拿一個小碗，把勺子放在小碗裡。

十幾年來，我從來沒有覺得這是一個麻煩。直到最近，我買了一個新的電鍋。它的勺子很特別：勺頭和勺柄之間有一個凸起，勺柄重一點，勺頭輕一點。我把它往桌子上一放，勺柄和凸起支撐了勺子，勺頭翹起來，也就不會被弄髒了。也就是說，有了這個勺子，我再也不用小碗了。我突然意識到，過去幾十年，我每次都要多洗一個碗，是多麼「麻煩」的一件事啊。

如何才能從麻煩背後發現需求呢？亞德里安提議畫出用戶的麻煩地圖。每個麻煩都是地圖上的一個摩擦點，每個摩擦點都是一個創造新需求的機會。

具體怎麼畫？他提供了三條思路。

第一條，流程地圖。

假設你要出差，想像一下從走出家門、上車、到達機場、落地、取行李、叫車、最後到酒店的流程。中間的每一個環節，有沒有麻煩存在？有的話，掀開它，看看下面有沒有需求。

比如，等行李就是一件麻煩事，乘客幾乎每次都要站著等十幾分鐘。

怎麼辦？巴西的聖保羅機場想了一個辦法：為乘客提供免費酒水，讓大家愉悅、耐心地等行李。

第二條，資源地圖。

假設你正在裝修房子，需要買建材、沙發、電器、油畫，還要和設計師、裝修工人打交道。這些事情非常麻煩，而針對這些麻煩下面的需求，「一站式」裝修網站出現了。

第三條，兩難地圖。

有些公司告訴用戶：想要簡約體驗，就不能要複雜功能；要便宜，就不能要質量；要個性化，就不能要速度；要方便，就不能要選擇。魚與熊掌永遠不能兼得，這就是「兩難地圖」。事實真的是這樣嗎？當然不是，網易（互聯網技術公司）就抓住了用戶期待「又好又便宜」的需求，推出了「網易嚴選」。

掌握關鍵

麻煩

如何找出「麻煩」背後的用戶需求？用「流程地圖」、「資源地圖」、「兩難地圖」三條思路，畫出用戶的麻煩地圖。每個麻煩都是地圖上的一個摩擦點，每個摩擦點都是一個創造新需求的機會。

延伸思考

職場or生活中，可聯想到的類似例子？

04

啟動亮點

開發產品時，必須考量其需求是否具備了背景因素，才能避免失敗。

背景因素——

時機不對足以摧毀產品

每一個「需求」的種子，都有適合它的土壤。學習了「什麼是需求」和「到哪裡找需求」之後，我們還要為需求找到合適的土壤。

假設某人打算創業，苦苦尋找麻煩背後的需求。有一天，他突然想到，每個人的腳長得都不一樣，但鞋卻是批量生產的，很難真正合腳。那麼，上門測量、反向訂製，這應該是一個「隱藏在麻煩背後的需求」吧！他非常興奮，風風火火幹了起來。半年之後，他的公司終於——倒閉了。為什麼？

因為這個需求的「背景因素」可能暫時還不具備。什麼叫背景因素？我舉個例子。

在亞馬遜的電子閱讀器 Kindle 發布的三年前，索尼公司就有了自己的電子閱讀器 Librié（法語，意為小型圖書館）。Librié 是一款顛覆式產品，它比書還輕，但能裝下成百上千本電子書；電子紙螢幕，使人們在陽光下也能清晰閱讀。索尼公司對 Librié 寄予厚望，夢想著用它改變世界。

結果，這款電子閱讀器被幾年後的 Kindle 徹底擊敗，於二〇一四年停產。

為什麼會這樣？雖然商業競爭的成敗很難粗暴地歸因於一點，但索尼沒有充分考慮需求的背景因素，的確是非常重要的原因。Librié 問世時，沒有得到書商們的支持，只能提供一千本書；同步書籍還必須連上電腦；用戶購買電子書後，只有六天所有權，如果沒看完就會被收回。

後來亞馬遜開始做 Kindle，上市當天就提供了八萬八千本電子書，價格比紙質書便宜很多，再加上下單就能閱讀和永久擁有的便捷性，這款產品被一搶而空。

這就是背景因素的力量。背景因素，更通俗地說，就是「天時、地利、人和」。如果時機不對，摧毀產品的力量可能就隱藏在我們看不見的地方。

如何判斷背景因素是否合適呢？至少要從四個維度去思考。

第一個維度，時間。

需求的種子，如果太早種下去會凍死，太晚則會錯失機會。

二〇〇〇年左右，微軟看到一個需求：為什麼一定要在電腦裡安裝 Office 軟體呢？直接在瀏覽器裡編輯文件不是更方便嗎？微軟隨即開啟了 NetDoc（意為網路文件）專案，後來宣告失敗。為什麼？因為為時過早——當時的網速和瀏覽器技術都不能支持這個專案。

十幾年後的今天，各項背景因素都已經具備，在瀏覽器裡編輯文件這件事終於變成了現實。

第二個維度，技術。

還記得前文提到的「戶外太陽能充電板」嗎？它之所以是一個「偽

需求」，正是因為技術條件還不具備。

太陽能充電技術的效率還太低，徒步一天的時間都充不滿一個行動電源。假設幾年後技術進步了，這就能變成一個「真需求」了嗎？那也未必。幾年後，說不定電池儲能技術大大進步，手機充滿電可以用三個月，這樣一來，太陽能充電板和行動電源就都用不著了。

新技術不等於新需求，技術與需求之間有一種魔幻般的連接。這就需要既懂技術又懂商業的人，用敏銳的洞察力去評估了。

第三個維度，文化。

二〇一五年，我去非洲登山，我的挑夫對我說：「你看，我用的是你們中國最大的手機品牌。」我一看：「TECNO，從來沒聽說過啊。」他很驚訝：「整個非洲都知道這是中國最大的手機品牌，你沒聽說過？」

我上網一查，原來這是一家深圳的手機公司，只做非洲市場。他們的手機可以插四張電話卡，待機時間超長，非常便宜，據說還更適合為黑人拍照。這些資訊令人嘆為觀止。如果把TECNO移植回中國，估計必定失敗。它在非洲如此成功，就是因為適應了非洲的文化。

第四個維度，資源。

小米公司的聯合創始人劉德跟我分享過小米公司做智慧手環的歷程。其實，在蘋果做智慧手錶前他們就想做了，研究很久後還是決定放棄。

為什麼？如果小米公司告訴消費者，你需要智慧手環，消費者不會相信。但如果蘋果公司說，你需要智慧手環，消費者可能會覺得：是啊，我確實需要。而且，蘋果公司一旦率先做出智慧手環，整個供應鏈資源就會被理順。到那時再做可能更合適。

果然，蘋果公司做了智慧手錶以後，市場和供應鏈資源的土壤都肥沃起來了。小米公司在肥沃的土壤中「種下」智慧手環，二〇一五年「結出」一千二百萬的銷量，二〇一六年銷量達到一千五百萬，二〇一七年成為全球銷量第一。

掌握關鍵

背景因素

如何判斷需求的背景因素？可以從四個維度加以思考：時間、技術、文化、資源。更直白地說，就是天時、地利、人合。

延伸思考

職場 or 生活中，可聯想到的類似例子？

05

啟動亮點

已找出使用困擾背後的消費者需求，也有完整市調的驗證，為何新品在市場上仍無法展現銷售力道？應該回頭驗證需求錯誤，還是停止銷售呢？

激發力——
讓你的產品叫好又叫座

在為需求的種子找到合適的土壤之後，我們來學習讓種子發芽的方法：「激發力」，**把潛在需求激發成真正需求**。

舉個例子，假設某人滿懷期待地把新品推向市場，滿以為消費者會熱烈歡迎，結果市場卻毫無反應。他非常沮喪：我分明是掀開麻煩的石板找到的需求，還做了消費者市調驗證這是一個真需求，為什麼它還是一顆「空包彈」呢？是我找錯需求了嗎？應該立即停掉這個產品嗎？

在停掉某個產品、扔掉某個需求之前，我們需要理解一件事：需求這粒種子不僅有真假之分，還有「休眠」和「活化」之別。世界上有一種種子，叫「休眠中的真種子」。

這是什麼意思？種過地的人都知道，有些種子在播種前是需要「活化」的。比如大麥，需要先在四十度的高溫下處理三～七天。

需求的種子也一樣。消費者心中的需求常常被「慣性、疑慮、懶惰、習慣和冷漠」包裹著，處於休眠狀態，需要被活化。

具體怎麼做？既然真正的需求包括「產品功能」和「情感訴求」兩個方面，激發需求也應該從這兩個方面開始。

首先，激發「產品功能」的需求。

要想激發消費者對功能的需求，最好的辦法是體驗。

雀巢公司有一種叫 Nespresso 的膠囊咖啡機，它能非常方便地製作香味四溢的咖啡。但這款咖啡機從二十世紀七〇年代被發明出來後，銷量並不好。雀巢管理層一度懷疑：這是不是一粒「假種子」？但當時的 CEO 赫爾穆特·莫赫（Helmut Maucher）扛住了壓力，決定給 Nespresso 咖啡機再次嘗試的機會。

Nespresso 團隊做了消費者市調，發現只有百分之一的濃縮咖啡愛好者聽說過 Nespresso 這個品牌，但絕大多數買過 Nespresso 咖啡機的人都很喜歡這款產品。他們意識到，大部分潛在消費者的需求處於休眠狀態，需要被活化。

於是，他們決定和更多航空公司合作，在一千一百架飛機的頭等艙裝備了這款咖啡機。雀巢公司通過這種方式，每年可以讓三百五十萬頂級旅客品嚐到 Nespresso 製作的咖啡，激發消費者需求。

同時，他們希望零售商不僅要展示 Nespresso 咖啡機，更要讓消費者體驗咖啡機的使用過程，品嚐咖啡的味道。數據顯示，提供體驗的商店，咖啡機的銷量是僅提供展示的六倍。

接著，雀巢公司又推出了「精品店」，相當於如今的「品牌體驗店」。精品店推出後，Nespresso 咖啡機的銷售額明顯上升。二〇〇一年，精品店全年銷售額增長百分之二十八，第二年增長百分之三十四，第三年增長百分之三十七，第四年增長百分之四十二。

通過體驗給消費者一個愛上產品的機會，很多人就會真的愛上它。

其次，激發「情感訴求」的需求。

要想激發消費者對情感的需求，最好的辦法是行銷。

Nespresso公司不僅開了體驗店，還重新設計了咖啡機的外形，使之從傳統的四方形黑盒子變為更具吸引力的造型，激發消費者的「情感訴求」。

然後，雀巢選擇在價格昂貴但更富表現力的電視媒體上，宣傳這款「咖啡機中的亞曼尼」。

消費者「聽說過」與「實際購買」一件產品之間的差距，就是需求激發力。激發力可以使消費者克服舊有的慣性，同時強化產品的魔力。

Nespresso咖啡機的第一支廣告在聖誕季播出後，銷量迅速翻了幾倍，證明了「顏值即正義」。

其實很多人對這款咖啡機都有需求，只是他們自己不知道而已。電視廣告通過情感訴求的方式，把休眠的潛在需求活化了。

魔力產品本身十分珍貴，但如果沒有激發力，即使魔力再強，也未必能吸引到多少需求。

掌握關鍵

激發力

消費者需求這顆種子，會有「休眠中」的情況。需求是會被「慣性、疑慮、懶惰、習慣與冷漠」等狀況包裹住的，要被活化後才會產生「激發力」發芽茁壯。

延伸思考

職場 or 生活中，可聯想到的類似例子？

06

啟動亮點

使用者的需求始終在深入、升級、變化、消失。建構一款魔力產品，從來都不是一蹴可幾、一次成型。

四十五度精進曲線——

緩慢的改進就等於平庸

某人開發了一款產品，結果一炮而紅。他非常高興，覺得終於找到了麻煩背後的需求。可沒過多久，用戶就對這款產品不感興趣了。競爭對手推出差異化產品後，用戶流失得更快。這個人很苦惱，用戶為什麼如此喜新厭舊？

用戶的需求始終在深入、在升級、在變化、在消失。構建一款魔力產品，從來都不是一次成型的。「發現需求、創造需求」這件事，也從來沒有「一招鮮、吃遍天」*的方法。

舉個例子。網飛公司的創始人里德・哈斯廷斯，從忘記還錄影帶造成較多罰金的麻煩中找到了需求：他用月租或年租的方式提供租用服務，並迅速成立了網飛公司，大獲成功。但是，故事到這裡並沒結束。網飛成功沒多久，DVD就出現了。這種容量極大又極其輕薄的光碟片，迅速取代了錄影帶。

哈斯廷斯又迅速抓住了租賃DVD的新需求。但DVD和錄影帶很不一樣，它在郵寄時容易破碎。於是，哈斯廷斯設計了一百五十款專門用來寄DVD的信封，把損壞率降到了萬分之六。

如果哈斯廷斯躺在錄影帶帝國中，無視用戶需求的改變，網飛公司可能早就隨著錄影帶一起灰飛煙滅了。

但是，故事到這裡依然沒有結束。DVD成功沒多久，通過網路下載影片又開始流行了。

＊這句俚語的意思是只靠著一項專長技能，即可到處謀生。

這時網飛公司的DVD業務已經占到美國郵政業務的四分之一。怎麼辦？繼續精進。網飛開始提供電影下載業務，在滿足用戶新需求的同時，不斷砍掉它最引以為豪的DVD業務。

今天，網飛公司的電影下載業務已經占到全美網路寬頻的三分之一。如果哈斯廷斯躺在DVD帝國中，無視用戶需求的改變，網飛公司可能早就隨著DVD一起灰飛煙滅。

這就是「四十五度精進曲線」。為什麼是四十五度？因爲只有進步的坡道足夠陡峭，才能快速配對用戶需求的變化，同時也是在給競爭對手發出「恐嚇」：別來了，等你準備好，我又進步十萬八千里了。緩慢的改進就等於平庸，避免競爭的唯一方法是從一個極致走向另一個極致。

如何保持這種精進的狀態？我們可以分三個階段，使用不同的策略。

第一階段：探索期——定型。

發現需求的時期是探索期。從想像的需求出發，到真實的用戶結束，這個快速試錯的過程叫定型。

曾經有一款App叫Burbn，使用它的用戶可以在某個地點「簽到」

成為領主，分享照片。但這款產品並沒有帶來暴漲的用戶量。它的開發者凱文・斯特羅姆（Kevin Systrom）發現用戶對照片分享非常感興趣，於是把這個功能獨立出來，最終成就了著名的照片牆（Instagram）。二〇一二年，臉書（Facebook）斥資十億美元收購了 Instagram 公司。

凱文在探索期不執迷於所謂「初心」，快速試錯，最後定型了真正的「需求」。

第二階段：成長期——優化。

需求一旦被驗證為「活化的種子」，用戶數量就開始爆發式增長，這就是成長期。

在這個階段，我們不能把成長歸因於「完美」滿足了真正的需求。沒有需求會被完美滿足，一定還可以做得更好——這就是優化。

紐約有一家三明治店叫 Pret A Manger，它的創始人不相信有「被完美滿足的需求」，因此一直在對食品進行優化：酸黃瓜菜單改了十五次；布朗尼蛋糕改了三十六次；胡蘿蔔蛋糕改了五十次……最終，這家店的創始人在全球開了二百五十家連鎖店，年收入三・二億美元。

第三階段：成熟期——多元。

當產品到了成熟期，即使用戶增長飽和，探索需求的腳步依然不能停止。

比如，我在「得到」App開設的課程《5分鐘商學院》，開課一年多的時候積累了二十多萬訂閱量。我和專欄團隊探索了一年多的需求，打磨了一年多的產品，理論上已經進入成熟期。但是，還能提供什麼價值？答案是：多元。我們從來不敢停止創新，除了線上課程之外，還提供線下大課、參訪遊學、週末私董會、「得到」第一份獎學金等，通過這些方式來滿足學員多元化的需求。

掌握關鍵

四十五度精進曲線

通往進步的坡道之所以是四十五度，是因為足夠陡峭的坡度，才可迅速跟上用戶需求的變化。保持精進狀態可分三個階段：探索期找「定型」、成長期求「優化」、成熟期開發「多元」。

延伸思考

職場or生活中，可聯想到的類似例子？

啟動亮點

我們做不到一次滿足「每一類」，但是可以做到一次增加一類，不斷豐富。

07

去平均化

——一次滿足一類顧客的差異化需求

在美國，隨著流行音樂的盛行，聽古典音樂的人愈來愈少。不過，交響樂團的行銷經理們相信，享受古典音樂是每個人都有的潛在需求。只需要讓觀眾進門一次，他們就一定會被古典音樂的強大魅力所征服，這個潛在需求就會被喚醒。

然而，事與願違。行銷經理們花費大量精力吸引來了新觀眾，結果百分之九十一的人聽完一次後就再也沒有回來過。新觀眾完全沒有被征服。

為什麼會這樣？是因為古典音樂已經過時，不再是這一代人的需求了嗎？是因為演奏得不好，滿足不了需求嗎？還是因為價格太高，抑制了需求？

美國九家交響樂團決定：不瞎猜，看數據。他們聘請了一個專業團隊做市調，市調結果讓所有人都跌破眼鏡——讓百分之九十一的新觀眾不來第二次的決定性原因中，排名第一的居然是「停車不方便」。

這是為什麼？為什麼老觀眾從來不抱怨停車位的問題呢？因為老觀眾早就找到了停車的方法；而對於新觀眾來說，停車不便是阻礙他們成為老觀眾的巨大的障礙。

交響樂團隨即做出了改善，結果發現新觀眾的流失率明顯下降。

這是一個非常有趣的案例。新觀眾的需求，不是「聽古典音樂」，而是「方便停車時聽聽古典音樂」。為什麼交響樂團從沒想過「方便停車」這一點呢？因為大部分人很容易陷入一種可怕的思維障礙：平均客戶的迷思。

從來沒有一類客户叫作「平均客户」。在「平均客户的迷思」的指

導下尋找需求，只能導致功能過剩（提供很多人不需要的功能）、功能缺乏（忽略人們實際需要的功能，比如方便停車），或純粹的錯誤（依據猜測和近似性來選擇功能，而不以現實爲基礎）。

「古典音樂」是平均需求，「古典音樂＋方便停車」才是新觀眾差異化的需求。

那老觀眾呢？他們「真正的需求」是什麼？市調結果又讓大家跌破眼鏡——老觀眾很喜歡看到年輕人來聽古典音樂會。於是，交響樂團把年齡大的人排在後排，年輕人排在前排，讓老觀眾享受那種「後繼有人」的滿足感。

「古典音樂」是平均需求，「古典音樂＋後繼有人」是「老觀眾」差異化的需求。

雖然商家很想滿足所有人的需求，但滿足所有人需求的方法，不是滿足一個統計學上的「平均需求」，而是「去平均化」，滿足每一類人的「差異化需求」。我們做不到一次滿足「每一類」，但是可以做到一次增加一類，不斷豐富。

具體如何做到去平均化？《需求》的作者亞德里安給出了五點建議。

第一點，版本去平均化。提供產品的差異化版本，比如 iPhone 手機的多個配置。

第二點，服務去平均化。提供帶有第三方差異化服務的平臺，比如 iPhone 手機的應用商店。

第三點，行業去平均化。提供針對不同行業的解決方案，比如蘋果公司針對教育、政府等行業的訂製解決方案。

第四點，個人去平均化。提供基於數據的個性化訂製產品，比如亞馬遜根據消費者購買過的書為他推薦「可能喜歡的書」。

第五點，組織去平均化。設立新的部門或者新的公司，專門為不同類型的客戶服務。比如雀巢為濃縮咖啡市場設立的獨立品牌 Nespresso。

對我們個人來說，去平均化本質上是平衡共性與個性問題。真實的世界裡沒有「平均」、「大概」、「總體」這些統計學概念。如何拿捏共性和個性之間的平衡點，不僅是研究需求，更是研究一切關乎人性問題的重要課題。

掌握關鍵

去平均化

多數人容易陷入「平均客戶」的迷思，導致提出來的方案或產品功能過剩、功能缺乏或功能錯誤。解方是「去平均化」，包括版本、服務、行業、個人以及組織，找到共性與個性之間的平衡點。

延伸思考

職場 or 生活中，可聯想到的類似例子？

08

啟動亮點

明天的需求來自科技創新，而科技創新是創造需求的根基。

明天的需求——

未能實現的渴望＋科技創新

亞德里安在《需求》一書中總結了發現需求、創造需求的六大關鍵：魔力、麻煩、背景因素、激發力、四十五度精進曲線和去平均化。這六大關鍵不僅幫助我們理解、敬畏需求，更讓我們敬畏發現需求、創造需求的過程。這個過程不是單憑主觀想像，而是一套系統而科學的方法。

基於「六大關鍵」，我們來思考一個問題：明天的需求來自哪裡？

明天的需求來自科技創新。亞德里安說，科技創新正是創造需求的根基。

為什麼？要理解這個問題，我們首先要區分兩個非常重要的概念：欲望和需求。

什麼是欲望？欲望是人類的底層動機。這些底層動機可能是亙古不變的，比如追求快樂和自由，免除恐懼和焦慮。什麼是需求？需求是實現欲望的具體方式，比如，為了自由旅行，人們對鞋、自行車、馬車、汽車、地鐵、飛機、太空梭有需求。隨著時代變化和科技創新，人類實現欲望的具體方式一直在升級。

比如，人類想在空中自由飛行，這個欲望有實現方式嗎？在過去是沒有的。所以，「在空中自由飛行」就被列入「未能實現的欲望清單」。雖然未能實現，但欲望一直都存在。

後來，科技進步了。終於有一天，我們懂得了空氣動力學，發現那個曾經「未能實現的欲望」是可以實現的。於是，人類用「在空中自由飛行（這個欲望）＋空氣動力學（這個科技創新）」，創造出對飛機的需求。

飛機是實現在空中自由飛行的最佳方式嗎？當然不是。但這是我們目前能做到的最高水準。不過，科技還會持續創新。等到有一天，我們懂得「自如控制核動力」後，人類會用「在空中自由飛行（這個欲望）＋自如控制核動力（這個科技創新）」，創造出對個人飛行器的需求。

所以，明天的需求來自哪裡？它來自因為科技限制而被迫產生的「未能實現的欲望清單」。我們要做的是用科技創新從這個清單裡「撈」出明天的「需求」。

具體應該怎麼做？可以把視野放在以下幾個方面。

實驗室：從欲望出發，找科技。

如果你有一家大公司，可以考慮獨立建設實驗室，或者和大學等研究機構合作成立實驗室，專門研究未能實現的欲望的技術障礙。

人類歷史上有一個著名的企業實驗室：貝爾實驗室。它在二十世紀實現了無數令人吃驚的突破，把無數未能實現的欲望變成了需求。比如，傳真、有聲電影、超大型積體電路、行動電話用的蜂巢式網路，甚至C語言等。

如今的微軟在全球有四個實驗室，中國的華為也建設了著名的「二〇一二實驗室」。它們都在通過科技創新，把未能實現的欲望變成需求。

如果你也想成立實驗室，想用科技創新創造需求，應該專注於哪些方向呢？二〇〇八年，美國國家工程院總結了一份全球範圍內的「大麻煩清單」，你如果能用科技創新解決這些麻煩，就能創造出真正偉大的需求。這份清單的前十四項是：

一、實現太陽能的經濟效應；二、通過核融合產出能量；三、讓所有人都能享用潔淨的飲用水；四、大腦的還原工程；五、先進的個性化學習；六、開發碳回收方法；七、製造用於科學探索的工具；八、修復並改進城市基礎設施；九、先進的健康資訊學；十、防止核恐慌；十一、設計更高效的藥物；十二、增強虛擬實境；十三、管理氮循環；十四、實現網路空間安全。

專利資料庫：從科技出發，尋找欲望。

如果說實驗室是從欲望出發尋找科技，那麼專利資料庫就是從科技出發尋找欲望。

每個國家都有自己的專利資料庫，這些專利凝聚了人類的智慧。可惜的是，很多科技被發明出來時，人們並不知道把它們釋放於哪個「未能實現的欲望」。你也可以從專利資料庫，也就是已有的科技創新出發，發揮想像力，配對人類的底層欲望，創造出明天的需求。

下面是中國專利資料庫和中國失效專利資料庫的網址，可供參考：

中國專利資料庫：http://search.cnipr.com

中國失效專利資料庫：http://search.cnipr.com/pages!invalid.action

一八九九年，美國專利局的官員查爾斯・德埃爾（Charles H. Duell）曾說：「任何能被發明出來的事物都已經被發明出來了。」IBM（國際商業機器公司）的創立者托馬斯・華生（Thomas J. Watson）曾說：「全世界只需要五臺電腦就足夠了。」再優秀的人，對明天的需求都缺乏想像力。希望你能對明天充滿想像。

掌握關鍵

明天的需求

因為科技受限而產生的「未能實現的欲望清單」，隱藏著明天的需求。優秀的人知道要從這份清單撈出需求，用科技創新解決這些「麻煩」，創造價值。

延伸思考

職場or生活中，可聯想到的類似例子？

09

問卷調查——

弄清楚消費者真正想要什麼

啟動亮點

多數情況下，消費者連自己的需求是什麼都不曉得，只有見到商品時才會決定要不要買。

發現需求、創造需求有四大方法：問卷調查、使用者訪談、優使性測試和數據分析。本篇文章先介紹「問卷調查」。

有人可能會說，問卷調查太簡單了，不就是問大家「你是誰，你多大，你喜歡什麼，你願意花多少錢」嗎？問卷調查真是這樣嗎？我們來看一個案例。

一九八二年，為了應對百事可樂的挑戰，可口可樂計畫調整口味。管理階層通過問卷調查了兩千位消費者如下的問題：您想試試新飲料嗎？如果口味更柔和，您會滿意嗎？

大部分人都願意嘗試。於是一九八五年，可口可樂大量生產新口味飲料，停止銷售舊口味的飲料。

然後，管理階層萬萬沒想到：新口味可樂遭到了幾乎全美消費者的強烈反對，公司每天都會收到來自憤怒消費者的成袋信件和一千五百多通電話。

管理階層一頭霧水，於是又做了一次問卷調查。結果這次拒絕新可樂的人數竟然從百分之十～百分之十二，上升到了百分之六十。因此，可口可樂不得不在兩個多月後，灰頭土臉地恢復了老配方。

明明不喜歡，怎麼不早說呢？

其實，消費者並不是故意撒謊，只是在大多數情況下，他們自己都不知道自己需要什麼，只有在看到商品時才知道要不要買。可口可樂用四百萬美元的教訓告訴我們：類似「假如我這樣，你會不會那樣」的問題對消費者來說太難了，他們的回答大多是不可靠的。

問卷調查其實需要專業技術。為什麼？因為調查結果很容易不可靠，消費者很容易犯迷糊。這種不可靠和犯迷糊，主要體現在三個方面。

第一個，不匹配。假如你在微信裡問大家是喜歡網上購物還是線下購物，調查樣本和目標群體就可能不匹配，因為微信使用者已經是篩選過的消費者。

第二個，量太小。比如，總共調查五個人，有三個人選A，由此得出百分之六十的人喜歡A，這是很不嚴謹的。想要得出百分比答案，至少要有一百份問卷做樣本，否則就是量太小。

第三個，瞎回答。有研究表明，人們喜歡在陳述性選項中選第一個或最後一個；如果選項是數字，比如價格或分數，人們更喜歡選中間位置。

所以，設計一份科學的問卷遠沒有想像中那麼簡單。究竟應該怎樣設計問卷，才能從犯迷糊的消費者那裡調查出可靠的需求呢？我們需要學習四節課。

第一課：機率課。關注「調查樣本」相對於「目標群體」的代表性。

如果你在路邊攔下路人做問卷，那麼這個調查樣本的統計價值通常很低。要仔細研究目標群體的構成，然後選擇對應構成的調查樣本。

比如，目標群體中的男女比例是六比四，那麼調查樣本中的男女比例也應該是六比四。如果是更精細的研究，收入構成、城市分布、有無貸款等，都要在調查樣本中按比率體現。

第二課：心理課。根據消費者的回答習慣設計問題，避免瞎回答。

不要問假設性問題。比如，「如果有條件，您會去歐洲旅行嗎？」這個問題沒有意義，因為幾乎所有人都會給出肯定的回答。也不要問含糊的問題。比如，「您是否經常旅行？」消費者對「經常」的理解很不一樣。更不要問有暗示性的問題。比如，「追求生活品質的您，更喜歡去哪裡旅行？」問題中設定了「追求生活品質」的前提，消費者就不好意思選擇便宜的地方了。

有些時候甚至要設計重複問題，用來分辨哪些答案是瞎回答的。比如，在前面問「你喜歡哪種類型的目的地」，在後面問「哪種類型的目地的最吸引你」。還要記得把選項的順序打亂。

第三課：溝通課。面對面市調時，溝通能力很重要。

比如，不要在用戶很忙的時候去市調；不要穿著邋遢去市調，否則用戶會不重視這項市調，只會看在獎品的面子上瞎回答；不要讓女生去市調性別歧視的問題；不要讓服務生拿著表格問客戶：「您對我的服務滿意嗎？」

第四課：邏輯課。解讀調查結果時，要學好邏輯課。

比如，有調查顯示：自尊心高的孩子學習成績更好。於是，很多家長努力培養孩子的自尊。後來發現，解讀這份調查的人邏輯沒學好，其實是學習成績好的孩子更容易有自尊。因果關係正好反了過來。

完成可靠的問卷調查是專業技術。具體應該怎樣做？在確定樣本時，上好機率課；在設計問題時，上好心理課；在調查過程中，上好溝通課；在得出結論時，上好邏輯課。

掌握關鍵

問券調查

問卷調查的結果很容易不可靠，主要是因為：一、調查樣本與目標受眾不匹配。二、樣本量太少。三、受訪者胡亂回答。設計一份科學的問卷，要學習四節課：一、機率課。二、心理課。三、溝通課。四、邏輯課。

延伸思考

職場or生活中，可聯想到的類似例子？

啟動亮點
使用者訪談重視「定性」，但大部分的使用者分不清「事實」與「觀點」。

10

使用者訪談——千萬別直接問消費者想要什麼

「使用者訪談」也是需求市調的方法之一。相較而言，問卷調查更加「定量」，使用者訪談更加「定性」。

有人可能會說：定量難道不比定性更先進嗎？有了定量的先進方法，還需要學習定性的古老手段嗎？

當然需要。我舉個例子。

為了提高奶昔銷量，麥當勞專門做了問卷調查。他們用類似這樣的問題詢問消費者：要怎樣改進奶昔，您才會買更多呢？再多加點巧克力嗎？

根據消費者的反饋，麥當勞的奶昔確實愈做愈好，但銷量卻沒有增加。於是，他們請來哈佛商學院教授、暢銷書《創新的兩難》作者克雷頓．克里斯汀生（Clayton M. Christensen）幫忙解決這個問題。

克雷頓派人在麥當勞觀察了一整天，結果發現百分之四十的奶昔都是在早上被買走的。這個結果很奇怪：人們早上不是應該吃漢堡嗎？直到克雷頓做了使用者訪談之後，他才知道：很多顧客早上開車上班，在路上覺得無聊，總想找點兒東西吃；奶昔很稠，能喝很久，又有吸管，可以放在汽車杯架上，還不會弄髒衣服，所以是最合適的選擇。

於是，麥當勞把奶昔做得更稠，並且把奶昔機搬到櫃臺前面，讓顧客刷卡自取。最後，奶昔的銷量大大提高。

在這個案例中，消費者真正的需求是「一種方便在車上吃的食物」。這個需求只能通過定性的使用者訪談挖掘出來。

那麼，如何設計使用者訪談才能挖掘出真正的需求呢？

千萬別直接問消費者想要什麼，因為大部分消費者分不清楚「事實」和「觀點」。假如你問一個人：平常最愛做的事情是什麼？他可能會說是旅遊。雖然因為經常加班，事實上這個人一年也旅遊不了幾次，但這並不妨礙最愛旅遊成為他的「觀點」。

在這種情況下，不要問消費者怎麼想，而要去瞭解他們怎麼做。你要學會問三類問題。

第一類，你正在解決什麼問題？

消費者回答：「我在修籬笆。」這時，不要問他修籬笆遇到了什麼麻煩，而要通過問為什麼，去探究真正的需求。比如，「你為什麼要修籬笆？」「因為我想要一個花園。」；「為什麼要建花園呢？」「因為我想種自己吃的菜。」；「為什麼要自己種菜？」「因為我想在日常花費上省些錢。」這樣的提問方式更容易抓住消費者的底層動機。

第二類，目前你如何解決該問題？

理解了消費者的底層動機後，就要探尋他們在實現動機的過程中遇到了什麼麻煩，這是需求的來源。但是，千萬不要直接問「您煮飯時遇到的最大麻煩是什麼」。因為消費者缺乏從日常生活中提煉麻煩的能力。你要問：「您平常是怎麼煮飯的？請盡量具體地描述。」

消費者可能會說：「因為要上班，我都是早上把米浸在電鍋裡。煮飯需要一個多小時。我一般晚上七點到家，所以我會設定下午五點開始煮飯。」

這時，你會驚訝地發現，消費者常常並不知道自己遇到了什麼麻煩。他居然需要用「預計到家時間」減去「預計煮飯時長」，最後算出「設定何時煮飯」。更好的做法是設定煮好飯的時間，而不是開始煮的時間，以便省去自己計算的麻煩。

第三類，有什麼方法能幫你做得更好？

找到麻煩之後，你要接著問消費者：「你覺得有什麼辦法，可以做得更好？」這時消費者提出的，其實是他自己設計的、用來解決這個麻煩的「產品」。

比如，你問消費者：「您覺得在網上買火車票時，還有什麼環節可以做得更好？」

他說：「我趕火車時經常來不及在車站吃東西，但上車後就很閒了，卻又沒東西吃。如果能用『餓了麼』點好外賣，上車之後，我點的餐放在座位上就好了。」

　　很多時候，客戶的想法天馬行空，但你要認真記下來，說不定就能激發靈感。事實上，如果你把這個想法再往前思考一步：為什麼在高鐵上就不能點沿途車站的餐品？高鐵行進的時候，車站備餐；到站後，餐品由列車服務人員送到。這個方案在京滬高鐵上已經實現了。

掌握關鍵

使用者訪談

避免直接問消費者要什麼，可用三類問題發掘他真正的需求：

一、你正在解決什麼問題？二、你目前怎麼解決這個問題？

三、有什麼方法可以幫你做得更好？

延伸思考

職場 or 生活中，可聯想到的類似例子？

11

啟動亮點

優使性是在正式發布產品、用戶大規模使用之前，最後一道驗證需求的防線。

優使性測試——

用最便宜、最快的方式糾正錯誤

很多人都有過這樣的經歷：一個產品拿到手，不知道怎麼用，只好找來說明書，結果發現說明書寫得比產品更難懂；走到一扇門前使勁一推，只聽「咣」的一聲——這扇門只能往裡拉，不能向外推；某次打開洗手間的冷水水龍頭，冷不防被燙了一下。

每當遇到這種情況，我們都會忍不住吐槽：這種東西是什麼人設計出來的？這哪能用啊！

「這哪能用啊」就是對產品「優使性」的聲討。優使性不是指品質，而是指產品好不好用、易不易用。所以，我們有時也把優使性稱作易用性。

在網路時代，雖然人們常說「小步快跑，快速疊代」，但是，如果有誰膽敢拿出一個連基本優使性都沒有的產品給用戶，直接說「我要開始跑了」，用戶會把他「踩死」在起跑線上。

所以，「優使性測試」非常重要。優使性測試，就是通過觀察有代表性的用户完成產品的典型任務，從而界定出優使性問題並解決，讓產品使用起來更方便。它是在正式發布產品、用户大規模使用之前，最後一道驗證需求的防線。

具體怎麼做優使性測試？你需要學會四個步驟。

第一步，找到有代表性的用戶。

假設你想對大幅改版的音樂播放 App做優使性測試，你的「代表性用戶」是誰？他們是用過上一版本 App超過三個月，並下載過歌曲的用戶。

用戶是十八歲還是三十歲，這個問題重要嗎？年齡之類的人口統計學特徵其實沒那麼重要，因為對優使性產生更大作用的是「用戶行為特徵」。比如，他們如何使用你的 App？用了多久？做過哪些事情？這些資訊更重要。

那麼，要選幾個用戶才有代表性呢？需要一百個嗎？並不需要。一般來說，通過五個用戶就可以發現明顯的優使性問題，因此五～八個用戶就足夠了。如果調查的用戶量超過八個，可獲取的新的資訊量就很小了。

第二步，設計「典型任務」。

「你聽到一首打動你的歌，分享到朋友圈」，或者「你想聽某首歌的高解析度版本，需要註冊為會員，請完成註冊」，又或者「請找到華晨宇的《齊天大聖》」。

這些都是典型任務。設計典型任務時要注意：任務不能太多，它們必須是重要的、新版本中容易出問題的地方；任務必須是用戶會遇到的場景，而不是設計者想像中的步驟。

第三步，界定出「優使性問題」。

用戶開始做測試時，你就是一個記錄員。請記住，不要試圖教用戶如何使用產品，也不要向用戶推銷產品，更不要說「請給我們的產品提提意見」。你只需要說：「請體驗一下我們的產品。」然後仔細觀察和記錄消費者的使用行為。如果條件允許，可以安裝兩個攝影鏡頭：一個用來記錄手機上的操作，另一個用來記錄用戶的表情。

對於手機上的操作，你需要觀察用戶看了哪裡，點了哪裡，接著又到了哪裡，是不是你預期的路徑。

對於用戶的表情，你需要重點觀察用戶「思考、皺眉、猶豫、驚訝」等表情。當用戶不停皺眉、做出思考狀，猶豫著要不要點的時候，說明他對這個操作沒有信心。當用戶瞪大眼睛，表現得很驚訝時，說明App的反饋讓他感到意外。

不要著急，不要指導，你只需要忠實地記錄。

第四步，解決這些問題。

優使性測試的最後一步，就是趁著記憶深刻，趕快把測試結果整理出來。

「下一步」按鈕藏在了螢幕下方，用戶不知道要往下滑，於是困在這裡走不下去了——這是嚴重問題，必須立即修復。用戶習慣在左邊找按鈕，一開始沒找到，後來在右邊找到了——這是一般問題，需要儘快修復。用戶下載了很多音樂，存儲空間滿了，但他找不到清除本機音樂的地方——這種情況比較少見，是次要問題，可以延後修復。

優使性測試對個人而言也很有啟發。優使性測試的底層邏輯是「我會錯」的思維。我會錯，但是如果能讓用戶證明我錯了，這件事就非常可貴。優使性測試就是用最快、最便宜的方法，證明「我錯了」，然後立刻就改。用最便宜、最快的方式糾正錯誤，是每個自信的人都應該擁有的反向思維。

掌握關鍵

優使性測試

優使性測試的具體實施有四個步驟：第一步，找到代表性的用戶。第二步，設計典型任務。第三步，界定出優使性問題。第四步，解決這些問題。優使性測試的底層邏輯是「我會錯」的思維，讓用戶證明我錯了，然後立刻就改。

延伸思考

職場or生活中，可聯想到的類似例子？

啟動亮點

價格明明很便宜了，為什麼消費者還是不買單？要解決這個問題，得靠數據分析。

12

數據分析——

行為痕跡，把消費者的祕密告訴你

某人打算在淘寶上賣一些新奇的東西，比如非洲的木雕、斯里蘭卡的手工茶葉、馬來西亞的錫器等。在國內專櫃賣一千～二千元的商品，他只賣七百～八百元，相當於專櫃價格的一半左右。他覺得，識貨的人一定會非常喜歡，但他的生意卻不慍不火。

明明價格很便宜，為什麼消費者都不買？要解決這個問題，我們需要學習需求市調的第四大方法——「數據分析」。

什麼叫數據分析？數據分析是對消費者行爲的量化分析。很多時候，消費者通過問卷調查和使用者訪談表達的都是自己想要的，而不是眞正需要的，但消費者行爲所遺留下的數據卻是很「誠實」的。

於是，這個人購買了一份淘寶消費者行為數據的分析報告，仔細學習。結果，其中一個數據像雷電一樣擊中了他——在淘寶上，消費者購買最多的商品，價格集中在一百~二百元之間。

為什麼會這樣？因為人們在網上買東西終究還是有些不放心。萬一是假貨呢？萬一不喜歡呢？雖然店家號稱七天包退，消費者也可以投訴，但畢竟太麻煩了。如果要拿出二千元來冒風險，消費者心裡有點兒慌；但一百~二百元就不同了，即使店家真的不包退，雖然很心疼，但還能接受。二百元，是網路時代「零錢」這個心理帳戶的上限。

於是，這個人決定改變策略，把自己的商品定位為「二百元以內卻特別高級的物品」。他的生意一下子就好了起來。

這就是數據分析的作用。消費者永遠都不會告訴你「二百元的心理帳戶」這個「祕密」，因為他自己都不知道。但是，數據是消費者掩飾不了的行為痕跡。數據分析，就是從痕跡倒推出行為，然後把一切消費者的祕密都找出來。

怎樣才能利用數據分析這個工具挖掘出需求呢？我們來學習三個方法。

第一個，分析搜尋數據。

如果消費者有需求，他們第一時間會去哪裡找答案呢？他們會上搜尋引擎。消費者的需求會通過「搜尋關鍵字」，清晰無比地展現出來。

百度有一個「百度指數」，專門對用戶搜尋的關鍵字做數據統計。比如，你輸入「蛋糕」就可以看到，很多搜索過「蛋糕」的用戶還同時搜索了「星座」、「烤箱」、「做法」等。

有了這些數據，我們就可以分析需求了。既然很多人喜歡星座蛋糕，那就專門做一些以十二星座為主題的蛋糕；既然有不少人喜歡自己做蛋糕，那就做一些蛋糕本體，讓媽媽們享受給孩子親自做蛋糕的樂趣。

第二個，分析統計數據。

有的時候消費者確實有需求，但到底多少消費者有這個需求呢？這時就需要分析統計數據了。比如，幾乎每個人對買房都有需求，但房地產商應該在哪些城市重金拿地，在哪些城市逐漸退出呢？針對這個問題，很多房地產商都會看一個數據：城市的人口流入流出比。人口流入持續大於流出的城市，購房需求在累積，應該投資；反之則在減少，應該謹慎投資。

我們可以從行業分析報告中得到一些統計數據，比如易觀國際、艾瑞數據等，它們都能提供不同維度的行業數據。

第三個，分析行為數據。

假設你有一筆研發費用，是用來投資買域名、開發網站，還是做基於H5頁面的手機應用呢？這時，你需要分析消費者的行為數據。

很多人都知道，二〇一八年天貓「雙十一」的交易額達到了二千一百三十五億元，但是大多數人沒有注意到，有一個小小的但同樣驚人的數字，叫無線成交占比。這個數字在二〇一四年是百分之四十五，二〇一五年是百分之六十八，二〇一六年是百分之八十二，二〇一七年達到了百分之九十。

也就是說，百分之九十消費者的行為已經轉移到了手機上。通過分析這個行為數據，你該如何決定就已經很清晰了。

除此之外，數據分析還能用在哪裡？數據分析的底層，其實是一種數據思維。假如你的同事說，消費者很喜歡我們的產品。有數據思維的人立刻會問：有多少人喜歡？占多大比率？喜歡到什麼程度？是愈來愈喜歡，愈來愈不喜歡，還是一直這麼喜歡？趨勢加速度怎麼樣？人類正在從原子世界移民到數字世界，擁有數據思維是每個人必備的技能。

掌握關鍵

數據分析

數據分析的底層是一種數據思維。有三個方法可以用這項工具挖出消費者需求的祕密：一、分析搜尋數據，二、分析統計數據，三、分析行為數據。

延伸思考

職場 or 生活中，可聯想到的類似例子？

2 PART

商業的本質

第 **3** 章

商學院必修課

01

啟動亮點

商業道德無法讓人即刻成功，但可以預防你瞬間失敗。

商業道德——

堅守紅線才能飛得更遠

我在微軟工作時，每年都會接受一門課程的培訓，叫「商業行為與道德」（Business Conduct & Ethics）。幾乎所有其他培訓，包括對我影響最大的「高效能人士的七個習慣」、「六頂思考帽」等都是選修課，唯有這門是強制參加的必修課。

不僅是微軟，全球任何一所頂尖商學院都有一門必修課——「商業道德」。如果這門課不及格就不能畢業。這門課使我受益終身，雖然它無法幫助我立刻成功，但卻一直在防止我瞬間失敗。

我在「得到」App開設的《5分鐘商學院》，作為在中國擁有幾十萬學員，可能是最大的私人商學院，設置了很多課程：商業、管理、個人、工具；用戶、產品、模式、團隊。但是，如果《5分鐘商學院》只能有一門必修課的話，它必須是商業道德。

什麼是商業道德？

第一，堅持正直誠信。

曾經位列五大會計師事務所之一的安達信，創立於一九一三年。一九一四年，芝加哥鐵路公司要求安達信做假帳。年僅二十八歲的事務所創辦人亞瑟．安達信（Arthur Andersen）剛剛開始創業，連付薪資的錢都沒有，但他正告芝加哥鐵路公司：即使傾芝加哥全城之財富，也難以誘我讓步。此後，安達信會計師事務所愈做愈大。

直到二〇〇一年，美國上市公司安然爆發財務醜聞。美國監管部門在調查中發現，過去四年，安達信為安然虛構利潤五．八六億美元，隱藏債務數億美元。美國證管會宣布啟動調查後，安達信開始瘋狂銷毀文件。二〇〇二年，安達信宣布放棄全部審計業務，全球分支機構分別併入安永、畢馬威、德勤。

一個擁有八十九年歷史的商業巨頭轟然倒下，沒能度過一百歲生日。這是一件非常諷刺的事，一家依靠正直誠信獲得成功的企業，最終居然因為做假一夜暴斃。

第二，避免利益衝突。

一位科學家在某著名國際科學期刊上發表了一篇論文。可沒過多久，他收到了一封由該期刊發來的郵件。郵件表示，這位科學家沒有說明自己的配偶幾年前曾在一家製藥公司工作，這家製藥公司有可能從這篇論文的研究中獲益。這篇文章的觀點是否會因此而不公正，我們不做判斷，但是由於作者沒有披露潛在的「利益衝突」，因此極可能被撤稿。

什麼叫利益衝突？作者的利益和讀者的利益可能是衝突的，即便作者認為自己剛正不阿，但必須充分披露相關資訊。

還有哪些事情中存在著利益衝突呢？假設某人作為公司職員，從家人、朋友的公司採購商品。他可以問心無愧地保證這些商品確實好，但其中依然存在潛在利益衝突。因此，他必須向老闆匯報自己和供應商之間的關係，由更高層判斷是否採購。

第三，不送「不當禮物」。

什麼叫不當禮物？通常來說，第一次見面帶一份小禮物是人之常情，但是，送多大價值的禮物叫「禮物」，多大價值的禮物叫「行賄」呢？

美國公職人員從同一來源接受的禮物，其價值一次不能超過二十美元，全年不能超過五十美元，否則就是受賄。按照六．八的匯率計算，五十美元相當於三百四十元人民幣。

公職人員應政府供應商之邀出國考察，如果供應商為公職人員買了商務艙，或者順便報銷了他額外多玩兩天的差旅費用，這就是不當禮物；如果醫生拿了某藥企的「處方津貼」，就算接受了不當禮物；如果超市員工收了某保健品公司的「推廣提成」，就算接受了不當禮物。

不當禮物不僅存在於公司與政府之間、公司與公司之間，還存在於公司內部。上級過生日，下屬可以給老闆送禮嗎？送賀卡、蛋糕都沒問題，送名錶、購物卡就是不當禮物。

商業道德是商學院的必修課，所有利用小技巧、小禮物、小聰明獲得的「破壞公平競爭」的利益，都有可能違反商業道德。

商業方法決定你能飛多高，商業道德決定你能飛多遠。做人也是一樣，聰明才智決定你能飛多高，誠實守信決定你能飛多遠。

掌握關鍵

商業道德

如何避免自己因違反商業道德，涉入失敗的風險中？第一、堅守正直誠信；第二、避免利益衝突；第三、不送「不當禮物」。

延伸思考

職場 or 生活中，可聯想到的類似例子？

02

啟動亮點

許多人以為自己在「創業」，其實只是在「套利」而已。

企業家精神——

沒有創新不能稱為創業

我在微軟曾有一個很優秀的同事，他出去創業失敗了，然後回微軟打工；過段時間他又出去創業，結果又失敗了，然後又回微軟打工。有一天，他來找我訴苦：「我又不笨，為什麼總是失敗？」

我說了一句可能讓他挺受刺激的話：「因為你沒有『企業家精神』。」

什麼叫「企業家精神」？它不是格局，不是魅力，也不是超乎常人的勤奮。關於這個問題，約瑟夫・熊彼得（Joseph Schumpeter）有精辟的見解。

熊彼得是二十世紀最著名的經濟學家之一，他主要的貢獻之一就是提出了「景氣循環理論」。通俗地說，景氣循環理論就是創新引起模仿，模仿打破壟斷，從而刺激大規模的投資，促進經濟繁榮；可是當進入的企業足夠多時，盈利機會就會消失，於是經濟開始衰退，等待新的創新——如此循環。

簡言之，創新才能創造利潤，護城河可以守衛利潤，而模仿則會消滅利潤。

我在微軟的同事一直在模仿：他聽說政府在「智慧城市」這個企畫案上的預算很多，於是就去做智慧城市，沒想到競爭太激烈，最終敗下陣來；後來他又聽說銀行網路金融預算多，又跑去做網路金融，還是敗下陣來。

「錢在哪裡，就去哪裡」這句話聽上去很有道理，然而正如彼得・杜拉克（Peter F. Drucker）所說：眼睛緊緊盯著利潤的企業，總有一天是要沒利潤的。

眼睛不盯著利潤，那應該盯著什麼呢？熊彼得說，應該盯著「創新」，只有不斷創新的人，才稱得上是「企業家」。

如今，「創新」這個詞經常被人們提起。很多人也許不知道，創新之於企業的價值是由熊彼得提出來的。大約一百年前，他就對創新做了一個精準的定義：**創新，就是將原始生產要素重新排列組合爲新的生產方式，以求提高效率、降低成本的一個經濟過程。**

舉個例子，二〇一一年以前，我們用手機給朋友發送七十個漢字要花〇．一元，發一張壓縮過的照片要花〇．六元。然後，騰訊公司「將原始生產要素重新排列組合」，推出了微信，把文字、圖片，甚至語音的傳輸建立在移動網路上，價格直接降到幾乎為零。這就是創新。

創新極大地提升了商業效率，並因此帶來利潤。創新所帶來的利潤，甚至有一個專有名詞叫「熊彼得租金」。為什麼谷歌能有六星級廚房？因為有熊彼得租金。為什麼騰訊公司能用三倍薪水挖走優秀的人才？因為有熊彼得租金。

所以，一個創業者需要創新，需要用特殊的辦法「將原始生產要素重新排列組合，從而提高效率、降低成本」。如果做不到這一點，就不能稱之為創業。很多人自以為的「創業」，其實只是「套利」而已，他們和所有套利者一樣，在一條明知利潤迅速歸零的賽道上一路狂奔。

究竟應該怎麼創新？首先，牢記「一切商業的起點都是消費者獲益」；然後，用產品滿足消費者需求；最後，優化利益相關者的交易結構。

要衡量企業是不是真的在創新，應該記住兩個關鍵詞：訂價權和定倍率。

第一，訂價權。

如果一家企業能做出競爭對手做不出來的、有價值的產品，它就有資格提高「訂價權」。提高訂價權標誌著企業在產品價值上有真正的創新。

第二，定倍率。

如果一家企業善於降低成本，可以做到質優價廉，而且比競爭對手賺錢，它就有實力降低「定倍率」。降低定倍率標誌著企業在流程效率上有真正的創新。

掌握關鍵

企業家精神

只有不斷創新的人，才稱得上擁有企業家精神；有創新，才能創造利潤。衡量一家企業是不是真的在創新，要看它是否有資格提高「訂價權」，是否有實力降低「定倍率」。

延伸思考

職場or生活中，可聯想到的類似例子？

03

啟動亮點

運用商業手段，匹配需要幫助的人和能提供幫助的人，就可以更高效地幫到更多人。

社會責任——

用商業的理念做公益的事業

商業的目的是什麼？以我的淺見，商業的目的是讓人類的生活更美好。所以，我嘗試把商業的邏輯運用到公益事業中，希望能幫助更多人。

有一支電視宣傳影片，畫面上是山區的孩子們張著渴望學習的大眼睛，但是卻沒有書可讀。這支宣傳影片讓很多人深受震撼，很想為這些孩子們做些什麼。那麼，人們能做些什麼呢？

很多人想到的第一個辦法是到捷運口擺攤，號召大家一起捐書。這些人辛苦了一個週末，收到了上百本書，非常高興地寄給了孩子們。

一位商業人士覺得這種做法精神可嘉，但效率太低。於是，他找到一家服裝連鎖店的老闆，說明自己的計畫並打動了老闆，然後在全國上萬家連鎖店門口貼上明顯的標誌，把這些連鎖店變成了固定捐書點。慢慢地，大家都養成了習慣，有想捐的書就會送到那些店裡去。

用「流量」的邏輯去理解，有書可捐的目標人群是捐書這件事的「流量」來源。在捷運口擺攤，靠碰運氣獲得的流量並不多，而且有很大的偶發性。而把上萬家連鎖店變成固定捐書點則放大了地域、放寬了時間，涓涓細流匯成流量大河，效率明顯提升。

可是，另一位商業人士覺得第二種方式的效率仍然太低。根據「銷售＝流量×轉化率×客單價」的邏輯，這種方式雖然獲得了更多流量，但路人有書可捐的機率很小，轉化率不高。他想到，很多圖書館每年都要購入大量新書，也會處理大量舊書，於是就去找圖書館館長。館長一聽他的想法，很高興地說：「太好了，我們每年要處理掉幾千本舊書，你把舊書都拖走吧。」

在前兩種方式中，路人捐的書通常是一直沒捨得扔的課本，或者四大名著之類。這樣一來，山區小學充滿著各種版本的四大名著，其他書卻不多。但圖書館處理的書種類多樣，可以給孩子們提供更多選擇。

所以，商業不是目的，而是手段。用商業手段可以高效地幫助更多人。

二〇〇三年，我開始參與公益事業。我身邊有很多人需要幫助，同時也有很多人願意幫助別人，只不過大家找不到彼此。這時，你也許會想起「資訊對稱」的邏輯了。是的，匹配需要幫助的人和能提供幫助的人，消除資訊不對稱，正好是網路的強項。

二〇〇五年，我和朋友創立了一個叫「捐獻時間」的公益網站，它可以像淘寶一樣，配對志願者的需求和供給。這個網站成立一年後，超過四千人註冊成為志願者，其中有五百六十四名志願者參與了六十一個機構組織的二百二十七場志願者活動，捐獻了自己寶貴的三千零七十一小時，使得二萬一千八百二十二人得到了幫助。這意味著，每三小時就有志願者通過「捐獻時間」捐出自己一小時的時間，每二十四分鐘就有一人獲得幫助。

網路的力量第一次在公益領域產生了如此大的作用，無數媒體爭相報導。中央電視臺專門派人飛到上海提出合作。二〇〇七年，「捐獻時間」移交給了中央電視台。後來，我們看到很多基於這個模式的接力者，比如騰訊公益等。這就是用商業的理念來做公益的事業。

這種模式能不能用在資金捐贈上呢？

不少公益基金會爆出醜聞，我認為最核心的原因在於：先有人捐錢，再去找企畫案，於是形成了資金庫存。大筆資金放在眼前，不出問題很難。那麼，能不能反過來：先有企畫案，再有錢，實現去資金庫存呢？

二〇〇八年，我協助香港企業家、恒基兆業地產集團副主席李家傑先生，在香港組建了「百仁基金」；二〇一二年，我又協助上海宋慶齡基金會創立了「泉公益」專案。其都是秉承「先有企畫案，再有錢」的理念，消滅資金庫存。沒有資金庫存，就沒有了腐敗的溫床。同時，我們也確實在「泉公益」的平臺上發現了很多好企畫案。

比如「支教中國二·〇」計畫。支教主要解決的是資訊流的問題。通過「物流」的方式把志願者送到山區，效率很低，費用很高，而且志願者來一批走一批，學生的感受也不好。能不能只做「資訊流」呢？「支教中國二·〇」在山區小學捐贈遠程教室，當地老師配合，志願者遠程講課。這樣就有責任、無壓力，志願者範圍大大擴展，質量大大提高，費用也急劇降低。該企畫案在「泉公益」平臺上募款，大受歡迎。這就是用商業的理念來做公益事業。

商業不但可以使人更富有，也可以讓這個世界變得更美好。這是每一位企業家的社會責任。

掌握關鍵

社會責任

商業不但可以讓人更富有，也可以讓這個世界變得更美好，這是每一位企業家的社會責任。

延伸思考

職場or生活中，可聯想到的類似例子？

第4章

商業世界五大基本邏輯

01 **流量之河**—流量是一切商業模式的源頭

02 **倍率之刀**—用創新或效率砍向低效環節

03 **價量之秤**—該把貨賣得更貴，還是賣得更多

04 **風險之眼**—買賣風險需要洞察與管控

05 **規則之縫**—套利者的生存邏輯

01

啟動亮點

所謂先進的零售模式，就是找到了一種更便宜的方式，從流量的大河中取水灌溉。

流量之河——流量是一切商業模式的源頭

一切商業模式的源頭，叫流量。

我有一個親戚，他一直做鞋子的批發和零售生意。受到網路電子商務的影響，這幾年他的生意愈來愈差。他忍不住問我：「我是不是應該去網上開一家店？」

這個問題令我十分為難，因為我很難告訴一個做了三十多年零售生意的人，其實他並不真正懂什麼叫作「零售」。線上和線下哪個更好，必須有一個判斷標準。這個判斷標準就是一切零售的基本邏輯——流量成本。**如果把銷售過程比作河床，那麼流量就是從不同水道不斷流入河**

床的水源。河床設計得再科學、再完美，只要沒有水源，一切商業模式都是擺設。

比如，一個磨刀老頭走街串巷，一天之內總共有十個人把他攔下來做生意。那麼，他有沒有為獲得這十筆生意而付出一定的成本？假如他不是磨刀的，而是送快遞的，如果快遞員一天的薪資是五百元，這就相當於他放棄了五百元的機會成本。我們可以用一天的機會成本（五百元）除以他一天能遇到的潛在客戶數（十個人），就得到了每個潛在客戶的流量成本：五十元。

可能很少有人這樣計算過，這有什麼意義嗎？如果你有多個通路來源，這麼計算就會有巨大的比較意義了。

換一種商業模式，比如開一家賣鞋子的實體店，這家店的流量成本應該怎麼計算？假設店面月租金是十萬元，用月租除以這一個月內預計可能到店的人流量，假設有五千人，那麼獲得每個潛在客戶的流量成本就是二十元。

通過對比，我們找到了一個底層的商業邏輯，可以把走街串巷和開門迎客這兩種商業模式統一起來。那麼，這個底層邏輯也同樣適用於電子商務嗎？

在早期，買東西的人很多，可是賣東西的人並不相信電商是一種可靠的商業模式，所以網店很少。假設某人要上網買一雙皮鞋，一搜某品牌的皮鞋，可能就只有四五家網店。因為這些潛在客戶是通過搜尋獲得的，所以網店獲得這一批流量的成本幾乎為零。但是當一批網店真的賺到錢之後，就會有很多像我親戚這樣的人也去網上開店。今天我們再搜尋某品牌的皮鞋，一搜就是三五十個頁面。如果是一家新開的網店，沒有流量也沒有信用，它很可能排在三五十頁之後，幾乎不會有生意，怎麼辦？花錢去買競價排名的廣告位。當人們發現有的店主付錢買了廣告之後，居然還有錢賺，有人就會出更高的價格買廣告，廣告費最終高到什麼價格為止呢？一定會高到這個商品的成本價加上廣告費幾乎等於零售價。這時線上的廣告費將會成為流量成本的主體，最終跟線下獲得一個潛在客戶的成本趨於一樣。

《經濟參考》的記者做過一個調查，在某電商平臺上有六百多萬商家，但其中真正賺錢的不足三十萬家，僅占百分之五。我在寫《趨勢紅利》這本書的時候，某資深電商人士曾告訴我：那百分之五只是不賠錢而已，真正賺錢的可能只有百分之一。

那麼，我的親戚應該開網店嗎？或者說，電子商務是一種更先進的商業模式嗎？

其實，電商從來都不是一種更先進的商業模式，它只是在某一個特殊的歷史階段被突顯出來。在這一階段，上網的消費者數量急遽增加，可是大部分商家並沒有下定決心做線上生意，所以讓少部分的敏感者享受到了一段時間的低成本流量。對我親戚來說，正確的做法應該是：用上帝的視角，看這條流量大河到底還有哪些水流的來源，比如社群、自媒體電商、通過直播來銷售、通過口碑獲得更多新客戶、通過和老客戶互動產生重複購買，到租金更低的三四線城市去開店……

在這個商家與消費者交互方式日新月異的時代，流量來源再也不是開一家店而已，也絕不是把實體店搬到網上那麼簡單。用流量的邏輯來統一所有的零售方式，並且懂得計算每一種流量來源的流量成本，將是所有企業的基本功。

掌握關鍵

流量之河

流量是進入銷售漏斗的潛在客戶的數量；流量成本是在每一個通路獲得一個潛在客戶的平均價格。所謂先進的零售模式，就是在做完一大堆計算之後，找到一種最便宜的方式，從流量的大河中取水灌溉。

延伸思考

職場or生活中，可聯想到的類似例子？

啟動亮點

所謂「一分錢一分貨」，就是在行業定倍率穩定時，零售價和成本價之間的相對固定的關係。

02

倍率之刀——

用創新或效率砍向低效環節

二〇一五年七月，我登頂了「非洲第一高峰」吉力馬札羅山。出發之前，領隊建議說，爬這樣一座極具挑戰性的山，裝備要專業一點，他推薦了一個著名的國際品牌。我來到這個牌子的線下專賣店，看中了一雙登山鞋，正巧趕上店裡做活動，只要二千一百八十二元。我很高興，但還是機智地用手機上網查了一下，結果發現這雙鞋在京東商城只要一千一百八十八元，居然比線下店打完折後還要便宜一半左右。分明是同一款鞋子，為什麼線上和線下的價格差別這麼大？是線上虧了本，還是線下黑了心？其實都不是。這個差別是由兩種不同的銷售模式所帶來的「定倍率」不同而導致的。

什麼叫定倍率？

比如，一支手機的生產成本是一千元，如果賣到三千元，就是三倍的定倍率。這可能是很多商家不太願意讓消費者知道的一個非常重要的基礎商業邏輯。

那麼，在不同的行業中，定倍率一般是多少呢？

在鞋子、服裝這個行業，定倍率一般是五～十倍。也就是說，商場裡一件非常漂亮的衣服，標價一千元，實際上衣服的成本價通常不會超過二百元。化妝品行業的定倍率通常在二十～五十倍，比如，某著名化妝品品牌有一款明星產品，建議零售價大約一千元，而實際成本價大概只有二十元。恐怕有的消費者看到這裡會震驚，但這些數字不是我編的，大家在網易的「成本控」欄目裡都可以查得到，它對很多日常用品的定倍率都有統計。

只要一個行業經過多年磨合，最終形成一個相對穩定的定倍率，這個定倍率就一定有它的合理之處。

回到開篇的那雙登山鞋上。線下的成本結構決定了五～十倍的定倍率是合理的，並沒有人因此賺黑心錢；而線上的成本結構也決定了三倍的定倍率是合理的。運營方式不同導致運營效率不同，於是產生了定倍率的巨大差異。

作為企業經營者，是把定倍率做得更高好還是更低好？標準是什麼？這個標準其實就是企業經營的武器。如果武器是創新，也就是說企業能做出別人做不出來的東西，經營者就有資格選擇「把定倍率做高」的商業模式，用相對大額的差價給自己騰挪更多空間。如果武器不是創新，而是效率，就需要經營者舉起「倍率之刀」，一刀一刀地砍下去。通過不斷降低定倍率獲得市場競爭優勢，甚至顛覆一個行業。

過去的出版行業一般是由作者、出版社、印刷廠和新華書店*組成的。出版作為一種知識傳遞的手段，最核心的知識由作者創造出來，出版社、印刷廠和新華書店都是幫助作者傳遞知識的載體。可是，作者通

*新華書店：中國最大的國有連鎖書店，是國家的官方書店，也是官方刊物宣傳與發售地點之一。

常只能拿到百分之十左右的版稅；也就是說，出版行業的定倍率大概是十倍。這合不合理呢？非常合理，這是這一行業多年形成的分配規律。

後來，當當網作為線上書店出現了。它利用經營效率優勢，舉起了倍率之刀，一刀砍向新華書店。因為沒有巨大的線下運營成本，當當網新書上架價格至少八折起，甚至有七折或者六折的價格。接著，亞馬遜又推出了Kindle電子書閱讀器，上面賣的書都是正規出版物，只是不需要印刷成紙本的了。所以Kindle又舉起了倍率之刀，一刀砍向印刷廠。同樣的內容，電子書的價格又比打折的紙本書更便宜。除此之外，諸如起點中文網一類的閱讀網站興起，有一群作者在上面寫連載小說，還有一群讀者付費閱讀，這樣作者就能直接獲得收入，那還要出版社幹什麼呢？所以，起點中文網也舉起了倍率之刀，一刀砍向出版社。據說一些知名的網路小說創作者，一年的版稅收入高達幾千萬元。因為科技的進步，不斷有人舉起「倍率之刀」砍向定倍率，讓消費者能夠以更便宜的價格獲得同樣的價值。

掌握關鍵

倍率之刀

定倍率是用來觀察每個行業結構和效率的重要標準和基礎邏輯。企業應該提高還是降低定倍率，取決於經營武器是創新還是效率。能做出別人做不出來的東西，請大膽地提高定倍率；如果靠效率取勝，就請舉起「倍率之刀」，大刀闊斧地砍向低效環節，獲得顛覆性的競爭優勢。

延伸思考

職場or生活中，可聯想到的類似例子？

啟動亮點

自來水哲學，即以品質優良的製品，用消費者能購買的價格，像自來水一樣源源不斷地提供給顧客。

03

價量之秤——

該把貨賣得更貴，還是賣得更多

一家創業公司生產了一款產品，成本價是三百元。這家公司目前需要解決非常重要的問題：把產品賣給誰？怎麼定價？

第一種選擇，把這個成本三百元的商品賣到三千元；第二種選擇，只賣三百三十元。

有人可能會說：當然要賣三千元了！如果可以賣到更高的價格，消費者也能接受，為什麼要便宜賣呢？其實，一件商品該如何定價，這背後有一套嚴謹的商業邏輯。

公司的存在以利潤爲前提。只要商品的毛利乘以銷量，結果大於經營成本，公司就可以賺錢。所以，賺錢有兩種途徑：第一種，盡量提高每件商品的毛利率；第二種，擴大商品銷量。通俗地說，就是賣更貴，或者賣更多。

假如經營者面前有一個天秤，是選擇在「賣更貴」的一邊加砝碼，還是在「賣更多」的一邊加砝碼呢？

有一個行業，把所有的砝碼都加在了「賣更貴」的一邊，這就是奢侈品行業。曾經有一則消息稱，北京新光天地某著名奢侈品專賣店失竊，店長報警說一個價值二萬多元的包被偷了，但是最後警方並沒有立案，因為那個包的進價只有幾百元。也有奢侈品代工廠的管理人員爆料說，某品牌一款價值一萬多元的新款皮質包，其成本構成中，布料約占五十歐元，加上鉚釘、鈕扣、拉鏈等，總價不超過九十歐元，按照七·九的匯率計算，相當於人民幣七百多元。

當然，我並不打算挑戰奢侈品行業，我要強調的是：既然能存在，就一定有它的道理，也必然有它的客戶。我舉奢侈品行業的例子，是因為它是在毛利和銷量之間選擇了毛利的典型行業。

使用同樣邏輯的還有珠寶行業。曾經有一位消費者花十萬元買了一顆鑽石，他拿著這顆鑽石去當舖典當，結果當舖只給出二萬多元的估價。他非常生氣，又去了其他當舖，發現估價都差不多。當舖的估價師說，就算現在立刻去品牌店買一枚十萬元的鑽戒，明天拿到當舖也一樣只能估價二萬元。因為當舖無法典當品牌溢價，只能以鑽石本身的價值為準。只有極少數的幾個國際頂級珠寶品牌，才可以適當地提高一點估價。選擇高價就必然會犧牲銷量，這是珠寶行業的基本邏輯。為什麼「鑽石恒久遠，一顆永流傳」，而不是「一百顆永流傳」，道理也在於此。

哪些行業把砝碼加到了天秤的另一端——銷量上呢？比如日用品行業。

美國有一家非常大的連鎖會員超市叫「好市多」（Costco）。我在微軟工作時，經常去美國出差，好市多的總部離微軟總部很近，所以我經常去逛好市多。這家超市很大，但裡面的品類卻非常少，每一個品類的商品都是超市老闆親自挑選的。品類少，加上精心挑選，就造成了一個結果：每一件商品的銷量都巨大無比，所以超市能夠從廠商拿到更便宜的進貨特價。那麼，在這個特價的基礎上，超市會加幾倍的定倍率呢？大概只有百分之六～百分之七，最高不超過百分之十四。超市老闆說：「如果我們的毛利率超過百分之十四，就需要董事會批準。但是在超市創辦的二十多年裡，董事會從來沒有批準過一個商品的毛利率超過百分之十四。」所以，好市多就是把所有砝碼都加到銷量這一端的典型代表。

中國以好市多為榜樣的公司其實有不少，其中比較典型的是小米公司。當市場上的行動電源都定價一二百元的時候，小米公司選擇把自己的商業砝碼全部加在銷量這一端。小米行動電源有高品質的電芯，加上工藝良好的鋁合金外殼，零售價只要六十九元，相當於當時市場價格的三分之一。把砝碼加到「價量之秤」的銷量極端之後，小米公司獲得了巨大的收益。據說這款行動電源賣了將近五千萬個。雷軍說，如果不是因為仿製品的影響，它的銷量可能還要翻倍。

日本著名企業家松下幸之助早就做過總結。他把這種將品質優良的製品，用消費者能承受的價格，像自來水一樣源源不斷地提供給顧客的哲學，稱為「自來水哲學」。

那麼，開篇那家創業公司應該盡量把砝碼加在哪一端呢？在這裡有兩點建議。

第一點，以情感或不可替代的技術為主的產品，可以考慮把有限的砝碼放在提高價格這一端。同時需要確認支撐價格的品牌溢價是不是已經被消費者所接受。

第二點，如果以銷量為主，則要確認這個市場是不是有足夠的容量和足夠的消費頻率。也就是說，要確認更低的價格確實會帶來更大的銷量。

掌握關鍵

價量之秤

賣更貴VS賣更多：

要根據產品的性質來判斷。以情感或不可替代的技術為主的產品，可以把砝碼放在提高價格這一端；以銷量為主的產品，要把砝碼放在擴大銷量這一端。

延伸思考

職場or生活中，可聯想到的類似例子？

04

風險之眼——

買賣風險需要洞察與管控

啟動亮點

風險，就像光、空氣、磁場一樣，無處不在。買賣風險，是促進商業健康發展的重要邏輯。

我有一個朋友是某著名品牌的代理商，一直做得不錯。有一年他對銷量很有把握，決定從品牌廠商那裡進一大批貨，期待能以更低的進貨價和更大的銷量獲得更可觀的利潤。但是，那一年的市場競爭格局發生了巨大的變化，他冒險進的大批貨物全部砸在了手上。本來每年都賺錢的生意居然開始虧損，他非常痛苦，來問我的建議。

我問他：「你知道這個生意本質上是在買賣什麼嗎？」他回答：「我買賣的當然是商品了。」我說：「其實並不是。買賣某個品牌的商品，只是這個生意的表象。你採取用庫存博差價的商業模式，這在買賣和經營商業的世界裡，其實是一種非常特殊的商品。這種商品甚至看不見、摸不著，但是它就像光、空氣或者磁場一樣，無處不在。你買賣和經營的這種商品叫『風險』。」

舉個例子，航空業對燃料的價格極為敏感，所以受原油市場影響頗大。當油價上漲的時候，除非提高機票的價格，否則利潤就一定會隨之下跌。但是機票漲價，乘客就會減少，利潤還是會下跌。這個時候該怎麼辦？其實，航空公司用了一個非常有效的商業手段來解決這個問題：到原油市場去買期貨。

什麼是期貨？期貨就是用今天的價格去鎖定並購買遠期才能提供的貨品。美國西南航空公司已經這樣做了很多年，所以當油價從二十五美元漲到六十美元的時候，它的成本幾乎沒有變動。事實上，西南航空公司做得太好了，以至於油價猛漲了多年之後，它仍然能夠以二十六美元的價格拿到百分之八十五的用油。但是，我們千萬不能把期貨當作穩賺不賠的生意，因為萬一油價下跌，從二十五美元跌到十美元，當別人都能以十美元／桶的價格買石油時，你依然要花二十五美元買一桶。所以，用今天的價格買未來的商品，有可能漲，也有可能跌。

航空公司是提供運輸服務的公司，並不是石油買賣公司，所以它無法承受這種價格的漲漲跌跌。於是石油公司就提出一個建議：給出一個確定的油價，如果以後油價漲了，還是按這個確定的價格供油，差價由石油公司來補貼；如果油價跌了，那算石油公司運氣好，得允許它賺一點兒小錢。其實，石油公司試圖賣給航空公司的，不是運輸服務，也不是石油，而是一種非常獨特的商品——價格風險。要理解這個複雜的商業世界，就必須知道這種虛擬商品的存在。

再回到我朋友的案例上來。他的商業模式看上去似乎是在買賣商品，但如果他有一雙能夠看見風險的眼睛，就會知道自己買賣的其實是一種特殊的風險，叫「庫存風險」。

對品牌商來說，生產多少商品，一直是一個特別大的難題。如果市場需求大，而自己生產少了，那就虧了；如果市場需求小，而自己生產多了，那就是產生庫存，也虧了。所以，生產多或少都是有風險的。

我這個朋友所做的生意也叫總代理，其本質就是把品牌商的庫存風險買過來——就算最後產品賣不出去，這個錢要總代理照付，風險由總代理來承擔。作為交換，總代理請品牌商給出更大的差價空間。這種用庫存博差價的商業模式，就是在買賣庫存風險。

我對朋友說：「當你意識到自己的商業模式本質上不是買賣商品，而是買賣風險的時候，你就應該立即建立一個風險管控機制。比如全週期庫存管理，一旦銷量下滑到什麼程度，就啟動大規模的促銷來對沖風險；下滑到一定程度時，就啟動和合作夥伴之間的交叉銷售；下滑到另一程度時，就把這批貨作為禮品送給客戶……所謂『全週期庫存管理』，其實就是一套風險管控機制。我們常說『沒有金剛鑽，別攬瓷器活』，同樣的道理，沒有這套庫存管理機制，千萬不要隨便去做用庫存博差價的風險買賣。」

原來風險也是可以買賣的，那能不能創業做買賣風險的生意呢？

當然可以。但前提是你必須有一雙洞察風險之眼，能看透別人看不透的風險，並有一套獨特的機制來化解這個風險。

比如，你能夠透過數據看透人性，可以更準確地判斷誰會借錢不還，那麼你就可以成立一家借貸公司，把不還錢的風險從那些有錢人的身上買過來，並因此獲得利潤。很多P2P（peer-to-peer）公司（點對點借貸平臺）倒閉，就是因為沒有洞察風險的眼睛。

比如，你是一個數學家，比其他人更能準確地判斷某種癌症的發病率。有了這雙洞察風險之眼，你就可以嘗試用保險的方式，把這種風險從每一個害怕得癌症的人那裡買過來。

商業世界裡有太多風險，於是，買賣風險就成了促進整個商業世界良性運轉的一個重要的底層邏輯。

掌握關鍵

風險之眼

風險也可以買賣。前提是必須有一雙洞察風險之眼，能看透別人看不透的風險，並有一套獨特的機制來解決這個風險。

延伸思考

職場 or 生活中，可聯想到的類似例子？

啟動亮點

黃牛，是複雜規則的故障指示器、商業世界的駭客。這場道高一尺、魔高一丈的戰爭，促進著商業世界的進步。

05

規則之縫——套利者的生存邏輯

有時候我們去看電影，在門口排隊買票的時候，有人會湊上來問要不要便宜的電影票。或者參加一些搶購活動時，很多人怎麼都搶不到，但只要活動一結束，網上立刻有搶購商品被高價賣出。有些國外品牌的手機，新品不在中國首發，但這並不妨礙消費者一兩天之內就能在上海某電子商城買到這款手機……在商業世界的角角落落，聚光燈照不到的那些地方，活躍著一個特殊人群，我們稱之為「套利者」，也就是大家俗稱的「黃牛」。

黃牛是一種不可忽視的商業現象。無論怎麼精心設計，一切商業規則背後都可能有漏洞或縫隙，黃牛就是靠此獲利的人。大家千萬不要覺得黃牛只是買空賣空而已，他們是一切複雜規則的故障指示器，是商業世界的駭客。

舉個例子，某電信業者在國慶節期間推出一個活動：充二百元話費返還二百元購物券，消費者用購物券可以在該業者的電商平臺購買等值商品。業者的想法是：消費者的二百元就當買了購物券，另外二百元話費就當是送的。這個規則有沒有縫隙可鑽？有沒有利益可套？對黃牛來說很簡單——先到大學裡開發幾百個大學生做代理，讓他們跟其他同學說：「你給我二百元，我幫你充四百元話費。」同學將信將疑，上網一查，發現確實有「儲二百送二百」的活動，於是放心交了錢。接下來，黃牛自掏腰包二百元，再加上同學交的二百元，全部都儲到這個同學的電話卡裡。對這個同學來說，用二百元買了四百元的話費，沒有損失，還省得自己跑一趟，很划算。對黃牛來說呢？他又拿出二十元，作為給代理大學生的酬勞。

如果你覺得黃牛很傻，那是因為你還沒想明白這個規則的縫隙在哪裡。黃牛掏了二百元儲值，又掏二十元當酬勞，一共花了二百二十元。但是不要忘了，他得到了四百元的購物卡。也就是說，他用二百二十元買下了價值四百元的購物卡，然後可以去電商平臺購買一些性價比最高的商品，比如行動電源。通常來說，售價四百元的行動電源，進貨價至少要三百五十元。這樣一來，黃牛相當於用二百二十元現金買了進貨價是三百五十元的行動電源。然後，他以三百二十元的價格把行動電源賣給某商店。對商店來說，從其他管道購入行動電源要花三百五十元，而從黃牛這裡買能便宜三十元，很划算。最終，黃牛付出了二百二十元，很快便得到了三百二十元的回報，淨賺一百元。不要小看這一百元，通過代理的方式，黃牛放大了自己的套利能力，在節假日短短幾天內就可能淨賺幾十萬元。

這些套利者的存在，一定程度上給規則制訂者帶來了極大的壓力，他們必須深度思考、監督執行、快速調整，才能與黃牛們進行「道高一尺，魔高一丈」的較量，促進商業的進步。

不過，大家也千萬不要認為，套利者都是在看不見的角落裡玩這些小兒科的遊戲，其實在金融圈裡也到處都是套利者。

假設有三個外匯交易市場，分別進行美元兌日元、日元兌英鎊、英鎊兌美元的交易，匯率始終在快速波動。理論上會不會存在這樣的情況：某人將一百美元換成日元，再去第二個外匯交易市場，把日元換成英鎊，再拿著英鎊到第三個外匯交易市場。如果這時候他發現，經過如此循環所得到的金額比直接兌換更多，就會迅速把手上的英鎊換成美元。雖然一百美元經過循環操作可能多不了幾分錢，但如果是大規模快速自動化的操作，收益就會巨大無比。當然，這是一種理論上的可能性。事實上正是因為這種套利可能性的存在，反而導致三個外匯交易市場之間的價格始終是均衡的。

凡有力的地方就一定有反作用力，凡有正向的商業價值就有反向的套利。只有理解了規則之縫的存在和套利者的生存邏輯，我們才能更完整地理解複雜的商業世界。

掌握關鍵

規則之縫

凡有力的地方就一定有反作用力，凡有正向的商業價值就有反向的套利。只有理解了規則之縫的存在和套利者的生存邏輯，才能更全面地理解這個複雜的商業世界。

延伸思考

職場or生活中，可聯想到的類似例子？

第 5 章

網路世界五大基本定律

01　資訊對稱—為何新創品牌能挑戰名牌

02　網路效應—搭建關係網路，讓用戶難以離開

03　邊際成本—網路把低定價變為現實

04　長尾效應—小眾就是大市場

05　免費—所有的免費，都是「二段收費」

啟動亮點

網路通過連接，帶來了距離的縮短；又通過距離的縮短，帶來了資訊的對稱。而資訊對稱，幫助沒有品牌的好產品得以挑戰有品牌的平庸之作。

01

資訊對稱——

為何新創品牌能挑戰名牌

如今，人們提及商業世界就不得不談網路。網路看上去明明是一個技術工具，為什麼能給商業世界帶來如此大的變化？網路和商業之間有什麼樣的關係？我們先從資訊對稱的邏輯開始瞭解。

假設你到美國出差，作為一個特別不愛吃西餐的人，每天吃什麼變成了痛苦的選擇。現在有五家餐廳，其中四家是做牛排、海鮮之類的美國本土食物，另外一家是麥當勞。這個時候你會進哪家店？

如果是我來做選擇，肯定選麥當勞。這是為什麼？因為我知道，全球任何一家麥當勞餐廳的品項、口味都差不多。在進店之前，我已經知道了自己想要知道的相關資訊。另外四家店呢？我對它們一無所知。也就是說，麥當勞通過連鎖經營的方式，有效解決了資訊不對稱的問題。

在市場條件下，想要實現有效的交易，交易雙方掌握的資訊必須對稱。如果不對稱，掌握資訊比較充分的一方通常會占據有利地位。事實上，在商業世界裡，資訊不對稱的現象隨處可見。

連鎖和加盟是消除資訊不對稱的有效方式。到了網路時代，有沒有其他方式可以更加有效地消除資訊不對稱呢？

有一個App叫「大眾點評」，假如你在美國打開這個應用程式，它會告訴你：這四家餐廳中有一家牛排店，很多中國人都去吃過，口碑非常好。如果你喜歡的話，還可以在牛排上抹一層老乾媽辣醬，味道會更棒。在這種情況下，你是不是就不吃麥當勞，而是選擇走進這家牛排店了？

麥當勞通過連鎖加盟的方式，一次性將其所有店面的資訊都對稱了。而大眾點評又通過一些吃過的顧客的評價，讓另外四家店的資訊也變得對稱了。這樣，顧客就能做出對自己來說最理性的判斷。每一家小餐廳也因此獲得了和大型連鎖餐飲機構對抗的機會。網路通過連接縮短了距離，又通過縮短距離帶來了資訊對稱，形成了影響商業世界最重要的路徑。

早在二十世紀七〇年代，資訊不對稱的現象就受到三位美國經濟學家的關注。到一九九六年，經濟學家詹姆士．莫理斯（James A. Mirrlees）和威廉．維凱瑞（William Vickrey）由於研究資訊對稱理論獲得諾貝爾獎。二〇〇一年，經濟學家喬治．阿克洛夫（George A. Akerlof）也因為研究這一理論獲得了諾貝爾獎。他們的理論在網路時代發揮了巨大作用。

那麼，我們應該如何借助網路帶來的資訊對稱，獲得商業上的成功呢？

比如，一個新創品牌的商品售價是五百元，而同類名牌商品卻能賣到一千元。新創品牌的商品品質也許並不比名牌差，但很多人就是願意買一千元的名牌。這五百元和一千元之間的差價，我們稱之為品牌溢價。在資訊不對稱的時代，消費者被好的、壞的、貴的、便宜的、貨真價實的、以次充好的商品搞得頭昏腦脹，他們寧願多花五百元買一個保障。

然而，如今的網路賦予了新創品牌挑戰名牌的機會，只要選擇一個用戶評價的體系（比如大眾點評）或者交易擔保的方式（比如支付寶），哪怕是沒有品牌的真正好商品，也有可能迅速戰勝有品牌的平庸之作。

掌握關鍵

資訊對稱

買賣雙方掌握的資訊一致，就是資訊對稱。如果不對稱，掌握資訊更多的一方，就會獲得更大的交易優勢。過去，我們通過品牌連鎖經營和交易擔保等手段，解決資訊不對稱的問題。今天的網路則提供了全新的、高效率的資訊手段，創造這些手段的網路公司以及善於利用這些手段的好產品，將有機會以小勝大，獲得消費者的認可。

延伸思考

職場 or 生活中，可聯想到的類似例子？

02

啟動亮點

網路效應，是網路與生俱來的洪荒之力。先下手為強者，有機會贏家通吃。

網路效應——

搭建關係網路，讓用戶難以離開

有一次，一位創業者告訴我，他做了一個非常實用的旅行App，可以隨時查詢航班行程，還可以知道目的地城市的天氣，此外還能訂酒店、訂車、訂演唱會門票等，幾乎無所不能。但就是有一點，他覺得用戶的黏著度特別差，競爭對手發布了新版本之後，這些用戶就立刻轉向了競爭對手那邊。他特別苦惱，問我該怎麼辦。

更多、更好的功能雖然很重要，但和競爭對手之間的功能性競爭，就像一場永無止境的軍備競賽。作為網路公司，為什麼不嘗試一種新的方法——「網路效應」呢？

什麼叫網路效應？

舉個例子。微信是一個好產品，但如果全世界只有一個人在用微信，他可能會覺得這東西一點兒用都沒有。後來，有一個朋友加了他的微信，他們可以用微信聊天了。這時，微信似乎開始有些價值了。最後，朋友愈加愈多，從一個變成了一百個，他們之間形成了一個錯綜複雜的網路。隨著好友數量的增加，微信的價值也呈幾何級數的增加。即便有一天，這個人打算換一個更好用的社交軟體，也很有可能因為大部分朋友都在用微信而不得不打消念頭。

微信，就是一個典型的具有網路效應的產品。

網路效應，即某種產品對一名用户的價值取決於使用這個產品的其他用户的數量，用户愈多，愈有價值；愈有價值，用户愈多，不斷地積累用户黏著度。甚至，一旦用戶總數突破某個臨界點之後，就會進入贏家通吃的狀態。正如著名投資人克里斯·迪克森（Chris Dixon）所說：為工具而來，為網路而留。

那麼，在商業中應該如何利用網路效應呢？

我給朋友的建議是：這個旅行 App目前只是工具，為了增加用戶黏著度，就要想辦法在工具裡面加上網路效應。比如，一個人到了機場，在休息室等飛機的時候打開 App，就能知道有哪些朋友此時也正好在這個機場等飛機；或者有哪些搭乘同一航班的乘客，落地之後大家可以一起共乘；再或者用戶只要標註了自己的職業、專業，在彼此同意的情況下，就能找到同艙、同職業、同專業的乘客，說不定還能聊上一兩個小時。慢慢地，這個 App就會建立起一個網路，利用網路效應留存用戶。

當網路效應達到一定程度的時候，即使競爭對手推出更強大的新功能，用戶也不會瞬間離去，他們會因為自己積累的網路關係而猶豫。這就給了技術人員一個非常重要的時間窗口，以便迅速修改產品，縮短和競爭對手之間的差距。

網路因為互相連接而形成龐大的網路，天生具有產生網路效應的「洪荒之力」。如果你打算利用這種神力進行創業，一定要注意兩個特點。

第一點，網路效應會帶來一種特殊的現象——贏家通吃。用戶愈多愈有價值，不斷膨脹；一旦突破臨界點，贏家最終會吃掉絕大部分市場份額。

第二點，因為贏家通吃，網路世界就有了一個基本策略——先下手為強。誰最先積累用戶，誰就能最先到達贏家通吃的終點。後面的對手即使再強大，也幾乎無法超越。比如，阿里巴巴先下手為強做了淘寶，買家和賣家數量最先超過臨界點，形成了跨邊網路效應。雖然騰訊也很厲害，但其購物網站至今都無法超越淘寶。反過來說，騰訊先下手為強做了微信，用戶數量最先超過臨界點，形成了單邊網路效應，阿里巴巴類似的應用產品同樣也無法超越微信。有人把這種利用跨邊或單邊網路效應構建的商業模式叫「平臺經濟」。

如果不是網路公司，也能利用網路效應嗎？當然可以。其實，網路效應並不是從網路時代才開始有的，以前的電話、傳真、交通網路等，都是屬於用戶愈多愈有價值的商業模式。

比如線下的服裝店，在用戶基礎還不足以形成網路效應時，可以嘗試「異業聯盟」的方式，建立更大的用戶基礎，構建網路效應。有一家叫「零時尚」的女裝品牌就是這麼做的，它鼓勵每一家店面和附近的美容院、理髮店、健身房等建立聯盟關係，讓顧客彼此之間可以享受優惠，共享消費集點。聯盟之後，用戶基礎大大增加，網路效應非常明顯，用戶黏著度顯著增強。

明白了這個道理，我們也就能明白為什麼中國國際航空、深圳航空會加入星空聯盟，東方航空、南方航空會加入天合聯盟了。

掌握關鍵

網路效應

用戶數量愈大，給單個用戶帶來的價值就愈大，這種商業現象即網路效應。利用網路效應創業，一定要注意兩個特點：第一，網路效應最終會帶來贏家通吃的狀況；第二，因為贏家通吃，網路世界有一個基本策略——先下手為強。

延伸思考

職場 or 生活中，可聯想到的類似例子？

啟動亮點

用戶規模上限值是全人類、邊際成本幾乎為零的優勢，是網路對傳統商業模式的結構性挑戰。

03

邊際成本——

網路把低定價變為現實

假設一架有兩百個座位的飛機起落飛行一次的成本是十萬美元，每個座位的平均成本是五百美元。那麼，為了不虧錢，航空公司的票價不應低於五百美元。可是，飛機即將起飛時，如果仍有十個空位，在登機口等退票的乘客願意支付三百美元買一張票，航空公司會賣給他嗎？

這個問題讓很多人糾結：這不是虧了嗎？其實，虧不虧，要看怎麼算。如果拿銷售價格三百美元和平均成本五百美元比較，確實虧了。但是，起飛前最後一分鐘，增加一位旅客的額外成本也就是一些點心、飲料而已，估計不超過十美元。用三百美元的收入來對比這十美元的成本，則是賺了——這就是「邊際成本」在實際問題中的體現。

邊際成本，指的是每多生產或者多賣一件產品所帶來的總成本的增加。對邊際成本的結構性改變是網路經濟最重要的特徵之一。

比如，一家蘇寧的店面，因為非常懂得當地的消費者需求、宣傳、配套物流和服務，所以做得很好，很賺錢。但是，這家店面再賺錢，也只能服務半徑大約二十公里以內的人群。如果想要服務更多消費者，就只能在二十公里之外再開一家店。即使蘇寧把店開遍了全中國，但因為每家店所能覆蓋的消費者數量有一個很小的理論上限，而單店的運營成本分攤到每次銷售上的邊際成本一定不為零，所以，單店是否盈利很重要。

然而京東商城就不同。一個京東商城理論上可以覆蓋全中國，甚至全世界。京東商城初期的建設投入巨大，很長時間都不賺錢，有三千萬用戶時不賺錢，有五千萬用戶時也不賺錢，甚至有九千萬用戶時還是不賺錢。為什麼投資人依然對京東充滿信心？京東上市，為什麼有那麼高的市值？因為京東商城所能覆蓋的用戶數，理論上是無上限的，所以邊際成本會不斷遞減，最終接近於零。九千萬用戶不賺錢，那一·二億、一·五億用戶呢？總有一個數字最終會讓京東賺錢。從那一天開始，京東商城每賣一件商品，邊際成本幾乎為零。

邊際成本幾乎爲零，這是網路經濟對傳統經濟最重要的一個衝擊。

中國郵政曾經有一項收入來自電報。以前發電報是按字數算錢的，非常貴。後來，中國電信、中國移動通過大規模光纖的鋪設，聯通了全中國。雖然固定投入巨大，但邊際成本很低，所以它們相繼推出了比電報划算得多的簡訊業務，隨時隨地、立發立收，一條只要一毛錢。電報很快就被取代了。後來，騰訊公司在電信、行動的數據網路基礎上又推出了微信，邊際成本幾乎為零，所以能提供免費的聊天服務。通信行業還為此和騰訊「打過架」，指責騰訊不收費是不正當競爭。騰訊的答覆是：我們沒有邊際成本，為什麼要收費？微信就是不收費的，簡訊從此衰落。

這種因為邊際成本結構變化，導致行業格局變化的例子，比比皆是。

優步（Uber）增加一輛車和一名司機的成本，愛彼迎（Airbnb，提供多樣住宿資訊的網站）增加一間新出租屋的成本，都幾乎為零。但是，這些對傳統的計程車公司和傳統酒店，比如凱悅和希爾頓而言，就不一樣了。

網路用戶規模的理論上限值是全人類，邊際成本幾乎為零。我們應該如何利用這一點來優化商業模式呢？

其實，我在「得到」App開設的線上課程《5分鐘商學院》就是一個非常好的例子。如果我選擇在線下開課，一堂課有一百個人報名，酒店成本、人員成本、差旅成本、我的時間成本等，會導致每一個學員的邊際成本非常高，收費也必然會很高。而利用「得到」App的平臺來開課，每一份訂閱的邊際成本幾乎為零，最終定價才可以低至一九九元。在以前，這樣的定價是完全不可能的，但由於網路使邊際成本變為零，低定價變成了現實，所以每個人都有機會用和朋友吃一頓飯的錢，來學習如何做自己的CEO。

掌握關鍵

邊際成本

即每多生產或者多賣出一件產品，所帶來的總成本的增加。在網路時代，理解邊際成本十分重要，因為網路帶來的用戶規模理論上無上限，邊際成本幾乎為零，這給傳統企業帶來成本的結構性衝擊。要想利用這個結構性衝擊來成就商業，需要認真梳理每一件商品生產、銷售的邊際成本，看看網路是否能把它降為零。如果可以，我們將有機會通過極大地降低邊際成本來挑戰傳統經營模式，並獲得巨大收益。

延伸思考

職場or生活中，可聯想到的類似例子？

04

長尾效應——

小眾就是大市場

啟動亮點

網路的出現，使得企業規模化的滿足人們的個性化需求成為可能。企業要抓住機會，從原來冷門的產品中找到新的利潤增長點。

假如你家有一臺老式電視機，有一天，遙控器壞了，需要配一個新的。你跑到樓下的修理店去買，老闆卻告訴你：這款實在太舊了，店裡只有最新款的電視機遙控器。

為什麼老闆不賣舊款的遙控器呢？有人可能會說：當然是因為買的人少，可能很久都賣不出去一個，老闆如果賣舊款，那還不虧死！

除了感性的直覺之外，如果我們用理性的思考去分析修理店老闆的做法，就會發現他其實是在遵從「二八法則」——用百分之二十的產品創造百分之八十的利潤。如果購進一堆偏門冷僻的產品，既占地方又賣不掉，那多不划算。所以，修理店老闆的做法是對的。

既然修理店買不到，只好上網找「萬能的淘寶」。你一搜，發現很多網店都有賣。等等，不是有「二八法則」嗎？為什麼修理店不願意賣的東西，淘寶上的賣家就願意賣呢？

很多線下不容易買到的東西，在網路上都能買到，為什麼？因為邊際成本極大地降低。網路上出現了有趣的「長尾效應」。

長尾效應，是美國《連線》雜誌前主編克里斯・安德森（Chris Anderson）在其著作《長尾理論》中首先提出的。前面提到的修理店就是典型的例子。因為修理店的邊際成本不為零，老闆必須陳列少量銷量最大的暢銷品，用百分之二十的產品謀求百分之八十的利潤。而淘寶店陳列一件商品的邊際成本幾乎為零，所以有什麼貨都會上架。對這家淘寶店來說，全中國買這個「偏門」遙控器的人加在一起，其實不一定會少；而對淘寶網來說，全中國所有賣這種「偏門」產品的店加在一起，其銷量很可能大於某些所謂的「暢銷品」。

長尾效應十分有名，但一直缺乏一個精確的定義，只有各種各樣的詮釋和解讀。在我看來，長尾效應就是因爲邊際成本極大地降低，從而使網路企業能夠規模性地滿足人們的個性化需求。

提到長尾效應，除了淘寶，人們還會想起谷歌和亞馬遜。過去，小型廣告主的宣傳需求根本進不了廣告公司的法眼，那一丁點兒廣告費還不夠聊兩句宣傳需求所付出的時間成本呢。谷歌用一種完全自動化的方式，把廣告銷售的邊際成本直接化為零，不再關注「恐龍的頭部」，而是把長長的尾部收集起來，用關鍵字配對的方式自動發布廣告，並因此成為全球最大的廣告公司。

過去實體書店在線下賣書，因為陳列成本的緣故，百分之九十八的書都沒有機會進入讀者的視野。亞馬遜通過線上方式把銷售的邊際成本化為零，讓很多「冷門書」重見天日，也讓很多消費者的個性化閱讀需求得到了滿足。

不只是大公司，普通人也可以利用網路的長尾效應。在這裡給大家幾個建議。

第一個，小眾市場就是大市場。我有個朋友是做辦公椅生意的，現在市場上的辦公椅同質化很嚴重，他問我怎麼辦，我建議他做小眾市場。比如「優秀員工椅」：符合人體工程學，配有自動按摩功能，還鑲著金邊，遠遠看到就令人羨慕。公司可以用這把椅子激勵當月的優秀員工，不斷流動。網路把銷售的邊際成本降到幾乎為零，如果能把這款椅子做到極致，也許就會有不可想像的市場回報。這也是很多人經常說「爆品戰略」的原因。精準是其核心。

第二個，快速滿足個性化。比如，著名的服裝品牌「韓都衣舍」，它把機構打散為兩百八十多個小組，不斷捕捉長尾需求，快速設計、快速下單、快速銷售。把所有被準確捕捉的快時尚需求搜集起來，就是大生意。快速是其核心。

長尾效應的成立有三個前提：第一，沒有陳列成本，邊際成本幾乎為零；第二，打破地域限制，小需求可以被搜集起來成為大需求；第三，消費者的個性化需求可以被規模化滿足。小企業應用長尾效應，建議用兩個簡單的方法：一是借助大平臺，做小眾爆品；二是借助多團隊，做快速個性。

掌握關鍵

長尾效應

因為邊際成本極大降低，網路企業能夠規模化地滿足人們的個性化需求。長尾效應的成立有三個前提：第一，沒有陳列成本，邊際成本幾乎為零；第二，打破地域限制，小需求可以被蒐集起來，形成大需求；第三，顧客的個性化需求可以被規模化滿足。小企業應用長尾效應，建議用兩個簡單的方法：一是借助大平臺，做小眾爆品；二是借助多團隊，做快速個性。

延伸思考

職場or生活中，可聯想到的類似例子？

05

啟動亮點

希望用戶持續重複購買，可以把產品基座免費。希望用戶購買高階產品，可以把低階版本免費。希望得到用戶的注意力資源，可以把一部分產品免費。

免費——

所有的免費，都是「二段收費」

如果說邊際成本是經濟原理，長尾效應是這個經濟原理引起的市場現象，那麼「免費」就是這個原理給企業帶來的一種新的商業模式。

到底什麼是免費？

以前的遊戲軟體，基本都是一盒一盒賣的。盒子裡有一本厚厚的說明書，使那張遊戲光碟顯得不那麼單薄。一款遊戲賣兩百八十八元，由於當時盒裝遊戲線下交付方式的限制以及國內的智慧財產權環境，靠賣盒裝遊戲賺錢實在太難了。

後來，盛大公司製作了一款叫《傳奇》的遊戲，宣稱這款遊戲永久免費。那它怎麼賺錢呢？賣點數卡，玩一小時遊戲需支付〇．二九元，價格低，但是玩的人很多，據說平均同時在線有一百萬人，算下來人均成本只有〇．〇四元。也就是說，每人每小時貢獻的淨利潤是〇．二五元，一天二十四小時，一百萬人同時在線，盛大每天就能從這款遊戲上賺六百萬元。很快，盛大老闆陳天橋一度成為中國首富。

免費，並不真的是免費，而是找到了另一種收費的手段。

接著，巨人網路公司也做了一款遊戲《征途》，連〇．二九元都不要了，整個遊戲完全免費。如果玩家玩的時間足夠長，系統還會給他「發工資」。這款遊戲又靠什麼賺錢呢？比如新手玩家比不過老玩家，怎麼辦？只需要配備一把屠龍刀，PK老玩家就像切西瓜一樣簡單。當然，這把屠龍刀是收費的，商城裡賣一萬元一把。如果買屠龍刀的人多了，總是被人砍是不是很不爽？沒關係，商城裡還有軟蝟甲賣，穿上以後刀槍不入，要不要來一套？

免費，並不是真的免費，而是向大部分人免費，向少數人收費；向

基礎需求免費，向高級需求收費。

免費經濟學，最早也是克里斯．安德森提出的——沒錯，他就是《長尾理論》的作者。他的另一本書《免費》，同樣撼動了整個網路行業（雷軍把這兩本書稱為「網路的理論基礎」）。克里斯說：免費，是指將免費商品的成本進行轉移，比如轉移到另一個商品或者後續服務上。

所以，免費的真正精髓其實是「二段收費」。第一段，企業先用錢購買了用戶的注意力、朋友圈關係、未來的需求等。第二段，用戶再拿著這些錢，去購買「免費」的產品。這也是為什麼很多人一提起免費就會說「羊毛出在豬身上，讓狗買單」。

理解了「二段收費」的商業模式，我們能怎麼運用呢？關鍵是要想清楚，除了想得到用戶的錢以外，還想得到什麼。這裡有三種方法。

第一種，交叉補貼。如果想得到的是用戶以後持續的重複購買，就可以把這個產品的基座免費。比如免費刮鬍刀架、免費租用專業印表機。這些所謂的免費，只是企業先用錢購買了用戶以後買耗材的可能，用戶再用錢買了企業的刀架、印表機。

第二種，先免後收。如果想得到的是用戶購買高階產品的需求，就可以把低階版本免費。比如影片網站的基本服務是免費的，但如果用戶想同步收看熱播劇集，就需要付費；大部分雲端服務也是免費的，但如果用戶需要更大的存儲空間，就需要付費；有的教育軟體是免費的，但等到青少年用戶長大了、畢業了，就需要付費了。除此之外，還有閱讀片段免費，閱讀全文收費；帶廣告免費，去廣告收費；低質量MP3免費，高質量MP3收費；網路內容免費，列印出來收費；註冊免費，「加VIP」收費……這些所謂的免費，只是企業先用錢購買了用戶以後買高階產品的可能，用戶再用錢買企業的基礎服務。

第三種，三方市場。如果想得到的是用戶的注意力、行為習慣、人際關係，就可以把一部分產品免費。比如，在微信公眾號上看文章免費，在公眾號上做廣告就需要向第三方收費；俱樂部活動對女士免費，對男士收費；博物館對孩子免費，對父母收費……這些所謂的免費，只是第三方用錢購買了用戶的注意力、人際關係，用戶再用錢買了公眾號上的文章、女士的俱樂部門票、孩子的博物館門票。

掌握關鍵

免費

免費其實是將免費商品的成本進行轉移。天下沒有白吃的午餐，所有的免費都是「二段收費」：有人先用錢買走了用戶的一些東西，然後用戶再用這個錢去買想要的商品。要實踐免費的商業模式，應該記住三點：交叉補貼、先免後收和三方市場。

延伸思考

職場or生活中，可聯想到的類似例子？

第6章

商業世界的交易結構

01 **商業模式**—如何讓消費者獲益，讓企業成功

02 **C2B**—用需求找商品，消費者更省、企業更賺

03 **O2O**—線上匹配、線下交付，促成更多訂單

04 **P2P**—去中心化，讓用戶自己服務自己

啟動亮點

有時仿效者只學了看得見的消費者思維和產品思維，卻沒學到看不見的商業模式。

01

商業模式——

如何讓消費者獲益，讓企業成功

一切商業的起點，都是消費者獲益。但是，怎麼做才能使消費者獲益的同時，企業也能成功呢？接下來，我們來尋找讓「消費者獲益，企業成功」的商業模式。

二〇一七年，阿里巴巴集團旗下的生鮮超市「盒馬鮮生」一夜爆紅，消費者非常喜愛，企業快速盈利。很多傳統超市頗有感觸：他們真會理解消費者，牛奶只賣當天的，我們要學習；他們真會打磨產品，食材都是產地直供的，我們要學習。

幾個月後，那些紛紛學習盒馬鮮生的傳統超市，經過不懈努力，終於倒閉了。為什麼？因為它們只學了看得到的消費者思維、產品思維，卻沒學看不到的「商業模式」。

什麼叫商業模式？

商業模式專家、北京大學教授魏煒說：商業模式，就是「利益相關者的交易結構」；而如何更有效地組織利益相關者、優化交易結構，就是「商業模式創新」。

為了探尋盒馬鮮生的商業模式，或者說交易結構，我曾專門拜訪其總部，並有幸與創始人侯毅先生交談。侯毅說，當盒馬鮮生還處於策劃階段時，阿里巴巴集團的 CEO 張勇就對他提出了四個要求：第一，要從線下往線上導流；第二，線上要做到三公里內三十分鐘送貨；第三，線上的收入要大於線下；第四，線上每日訂單至少比線下多五千單，產生規模效應。

有的人可能會覺得奇怪，這四點居然不是基於消費者思維，比如，讓消費者賓至如歸；也不是基於產品思維，比如，賣最新鮮的產品。

消費者思維和產品思維固然重要，但是，傳統超市也希望消費者賓至如歸，也希望賣最新鮮的產品，而且它們可能已經在原有的交易結構下做到了極限。所以，後來者必須想辦法在交易結構上創新。

傳統超市的交易結構是什麼？店鋪租金一直是傳統超市繞不過去的大山，所以它們最看重「坪效」：每平方公尺的店鋪，一年創造多少收入。傳統超市的交易結構是：坪效＝線下收入／店鋪面積。

而張勇提出的四點要求，本質上是把盒馬鮮生定義為「被線下店面武裝的生鮮電商」，強調了電商的主體性。所以，盒馬鮮生的交易結構是：坪效＝（線上收入＋線下收入）／店鋪面積。在這個交易結構中，如果真的可以實現線上收入大於線下，它的坪效就有機會做到傳統超市的兩倍，甚至更高。為此，盒馬鮮生想出了很多創新的打法，比如在超市裡開餐廳，顧客只能用App買單，在天花板下方安裝傳送帶等。

截至二〇一八年一月，盒馬鮮生在全國開了二十五家店面。其中營業半年以上的店面，線上收入真的超過了線下；還有些店面，線上收入已經是線下的兩倍以上。總體來看，盒馬鮮生的坪效是傳統生鮮超市的三～七倍。

這就是商業模式創新，借助一切可能的技術和工具優化利益相關者的交易結構，讓消費者獲益，讓企業成功。

其他企業如何通過優化交易結構，做到讓消費者獲益，讓企業成功呢？

比如，計程車司機不知道誰要用車，乘客不知道哪裡有車，因此，大量計程車在空駛，乘客在空等。為了優化這個低效的交易結構，企業可以借助網路，高效配對計程車的供給和乘客的需求，以減少空駛和空等時間，用優化的交易結構對傳統模式進行「降維打擊」——這就是滴滴出行。

再比如，發射衛星時需要一枚火箭來運送衛星。過去，火箭用完就被丟棄了，十分浪費。為了優化這個低效的交易結構，可以嘗試借助新技術回收火箭，重複使用。這種模式一旦成功，整個交易結構就會「變買為租」，發射費用可能會降到原來的十分之一——這就是Space X（美國太空探索技術公司）的模式。

掌握關鍵

商業模式

商業模式就是「利益相關者的交易結構」；更有效地組織利益相關者，進而優化交易結構，就是「商業模式創新」。創新商業模式，能使消費者獲益，企業獲得成功。

延伸思考

職場or生活中，可聯想到的類似例子？

02

啟動亮點

C2B與常見的B2C模式正好相反，因此也被稱為「逆向商業模式」。

C2B——用需求找產品，消費者更省、企業更賺

假設你想買一臺空氣清淨機，可是品質好的清淨機價格都很貴。而你的同事、鄰居、朋友們都想買，大家都想要一個便宜的價格，而廠商想多賣貨，這裡面有沒有商業機會呢？

當然有，你可以試著用「C2B」模式來優化消費者和清淨機廠商之間的交易結構，讓消費者能省錢，廠商能賺錢。

什麼是C2B？C2B就是customer-to-business，從消費者到企業。這種模式和最常見的商業模式B2C（business-to-customer，從企業到消

費者）正好相反，因此又被稱為「逆向商業模式」。

舉個例子，建材市場一直運用從企業到消費者的B2C模式：廠商把地板、油漆、水龍頭，通過全國各地的通路擺進家居賣場，然後用產品等需求。這種交易結構非常經典，但成本巨大。有些建材店一天只有幾個客人，幾天才能成交一筆訂單。那麼，最終買了一個浴缸的某位客人，他所支付的價格中就必須包括這家店幾天以來的租金、水電費、人事費等成本，否則建材店就會虧損。這些都是企業的獲客成本。

那該怎麼辦？從B2C到C2B；從用產品等需求，到用需求找產品。

網路的本質是連接，它所帶來的爆發式的連接效率躍升，使得需求與需求之間可以瞬間聚集，形成快閃快滅的「消費集團」，從而對產品方造成勢能差。於是，很多建材網站上出現了一種代表這些消費集團的特殊職業：砍價師。

建材網站邀請大量正在裝修的消費者和一些建材廠商參加「萬人砍價會」。然後，砍價師登臺，他們代表臺下的消費集團向臺上的廠商代表砍價。

這個砍價的過程極具表演性。砍價師和廠商通常會事先溝通，甚至可以說，廠商在臺上表演了一個節目，然後乘機給消費者打折，但是表演後拿到的價格確實很便宜。為什麼會有這種事？因為砍價師砍的不是價格，而是 B2C 的交易結構，他們把建材的商業模式從 B2C 變為「團購」，也就是一種 C2B 模式。

當兩千個需求通過網路聚集成消費集團時，廠商原本為這些需求付出的巨額租金、水電費、人事費等成本就都省下來了。所以，他們當然願意把一部分利益讓給消費者，然後留一部分作為超額利潤。

C2B 模式的本質是通過「用需求找產品」的交易結構，提升商業效率，從而讓消費者更省錢，讓企業更賺錢。

除了團購以外，企業還能利用 C2B 模式找到怎樣的商業機會呢？

家電廠商可以嘗試 C2B 模式的「反向訂製」。某年「雙十一」，海爾和阿里巴巴集團聯合推出了一款可反向訂製的冰箱：消費者喜歡什麼顏色？要不要帶一些特別的功能？總共有二十五個模組可供訂製。消費者下單之後海爾才開始生產。B2C 模式是用產品等需求，必然會造成大量庫存；而 C2B 模式是用需求找產品，完全消滅庫存，提升商業效率。所以，消費者更省錢，企業更賺錢。

創業者可以試試 C2B 模式的「群眾募資」。假設某創業者設計了一款產品，很擔心消費者不喜歡，這時他就可以發起群眾募資：這款暫未生產的產品定價二百元，現在預定只需付九十九元，如果有超過一千人預定則啟動生產，不到一千人就把錢退回。這種方式可以用真實需求驗證虛擬產品，降低公司風險、提升商業效率，從而讓消費者更省錢、企業更賺錢。

一切商業模式創新簡單來說都分為兩步：第一步，改善交易結構，創造效率空間；第二步，讓消費者因此獲益，企業同時獲得成功。

掌握關鍵

C2B

C2B模式可優化企業及消費者之間的交易結構：

一、團購：透過網路提升連結效率，瞬間聚集各方需求，形成「消費集團」，對產品方造成勢能差。

二、反向訂製：先讓消費者選擇需求，再生產產品，完全消滅庫存，提升商業效率。

三、群眾募資：用市場真實需求驗證虛擬商品，降低公司風險，提升商業效率。

延伸思考

職場or生活中，可聯想到的類似例子？

03

啟動亮點
看清商業本質後會發現，線上與線下並非對手，而是朋友。

O2O——線上匹配、線下交付，促成更多訂單

一位汽車4S店老闆開店十五年，一直做得不錯，尤其是維修業務。4S店把一整輛車拆散，然後把零件單獨賣給消費者。這些零件的價格加起來可以買十二輛完整汽車，很賺錢。但最近幾年生意愈來愈難做了，很多車主過了新車保固期就再也不來了，營業收入急劇下降。怎麼辦？

汽車零件價格能賣到整車價格的十二倍，消費者以前不知道，是因為資訊不對稱；消費者知道了價格貴，居然還去4S店買配件，是因為他們不相信街邊小店賣的是真貨，這還是資訊不對稱。而網路的本質是連

接，連接使距離縮短，距離縮短則打破了資訊不對稱。

所以，當網路公司也開始賣汽車零件之後，比如途虎養車網，消費者自然不會選擇4S店。因為消費者相信途虎不會賣假貨，而且價格更便宜。

在這種情況下，4S店該怎麼辦？提升消費者思維，讓店員笑得更開心一些，無微不至地關懷客戶？還是提升產品思維，提供額外的洗車、打蠟服務？這些都不能解決根本問題。4S店面臨的是網路對線下交易結構的衝擊，只有優化交易結構才能改善處境。4S店應該用線下優勢反補網路的缺陷，形成新的競爭力，可以嘗試採用「O2O」（online-to-offline或offline-to-online，即線上線下融合）模式。

網路有兩大天然缺陷：損失了體驗性和即得性。

第一個，體驗性。

當消費者通過網路購物時，衣服無法試穿，沙發不能試坐，壁紙不能貼滿後身臨其境感受效果。這就是損失了體驗性。

小米平衡車在網上賣得不好，這是因為消費者沒有體驗過這款產品，難免會擔心：萬一買回來不會騎怎麼辦？後來，小米公司開始在線下商店賣平衡車，結果賣得非常好。消費者體驗後會覺得：哇，這東西真有意思，這麼簡單。這就是體驗性。

第二個，即得性。

消費者在網上買了一支手機，手機的送達時間要取決於物流速度。物流快就能早點用，物流慢就得再等等，但消費者肯定無法瞬間拿到手機。這就是損失了即得性。

消費者做飯時發現自家的鹽用完了，網上購物最快也要第二天早上才能送達。所以，他會選擇去家門口的便利商店買鹽，即使價格比網上要貴。這就是即得性。

那麼，4S店應該如何利用線下體驗性和即得性的優勢，反補網路的缺陷呢？

4S店老闆可以用投資一個郊區4S店的錢，開十個社區快修店，然後和途虎養車網合作：讓消費者在途虎養車網上買輪胎，然後把輪胎配送到距消費者最近的快修店，到貨後通知消費者開車去換；消費者到店後，快修店工作人員拆開由途虎配送來的、低價且值得信任的輪胎，然後幫消費者安裝。這樣一來，途虎養車網靠「賣輪胎」賺了錢，快修店靠「換輪胎」賺了錢。這就是利用網路資訊對稱帶來的價格優勢。

老闆把快修店開進社區，從而強化了即得性。消費者出門左轉就能換個輪胎，再也不用開幾十公里到郊區去了。這就彌補了途虎養車網和4S店的不足。

等消費者換完輪胎，快修店可以推薦一些必須體驗後才會衝動購買的產品，比如高級音響，消費者聽起來如癡如醉，便會忍不住購買。這就是利用線下的體驗性優勢，促成更多訂單。

利用網路的資訊對稱帶來的價格優勢，加上線下的體驗性、即得性優勢來優化交易結構，升級商業模式，這就是O2O。

那麼，O2O還能優化哪些交易結構，升級哪些商業模式呢？

假設一個餐廳老闆想做辦公室裡的午餐生意，他可以嘗試O2O模式，利用網路優勢大量獲客，利用線下優勢快速送餐。過去，他要支付很高的租金才能把餐廳開在辦公室旁邊。現在，他只需要在辦公室周邊三公里範圍內，選一條很深的巷子，在裡頭開店，並且只留一個廚房就可以了。這樣一來，餐廳的租金成本大大降低，從而能夠做到價格更便宜，菜品還更好。這就是外賣O2O。

某人是一家美甲店的店長，經營小店成本高還不賺錢。店長可以嘗試O2O模式，首先利用網路傳遞「我會美甲」的資訊，線上配對消費者需求。然後請消費者到線下的工作室接受美甲服務。這樣做可以節省租金和管理費，既能讓消費者享受到優惠，店長也能賺到更多錢。這就是服務O2O。

事實上，這場戰爭不是線上與線下之爭，而是高效與低效之爭。看清本質後我們會發現，線上和線下是朋友，而不是對手。同樣的道理，一個人如果能看清職業的本質是業績，那麼每個有價值的人都是朋友；如果誤以為職業的本質是取悅老闆，那麼所有有價值的人就變成了對手。

掌握關鍵

O2O

網路有兩大天然缺陷：缺乏體驗性與即得性。利用線下體驗性和即得性的優勢，可以彌補線上的缺陷。網路時代不是線上與線下之爭，而是高效率與低效之爭；線上與線下是朋友，不是對手。

延伸思考

職場 or 生活中，可聯想到的類似例子？

啟動亮點

「中心化」的交易結構，必有容量上限及成本下限的問題。用「去中心化」模式來解決問題與需求。

04

P2P——去中心化，讓用戶自己服務自己

我的朋友做了一個影片網站，他在全國各地的電信機房部署了很多伺服器，希望用最近的機房服務最近的用戶，讓全國用戶都能高速觀看影片。但是，電信公司收取的存儲費、網路寬頻費實在太高。怎麼辦？

很顯然，要服務幾千萬、上億的用戶，即便有幾十個數據中心都非常吃力。這個問題的本質是：「中心化」的交易結構必然有容量上限和成本下限的問題。我這位朋友可以嘗試用「去中心化」，也就是「P2P」模式，來解決這個問題。

什麼是 P2P？

提起 P2P，很多人就會想起網路借貸，但 P2P 的本意是 peer-to-peer，意思是「平級對平級交流，不再需要中心化的協調者」。P2P 作為一種交易結構，它的適用範圍遠遠不止網路借貸。

舉個例子，很多人都有用迅雷軟體下載電影的經驗。用迅雷下載電影時，電影並沒有儲存在迅雷伺服器上，而是存在用戶的電腦裡。假設你想下載某部電影，而三百人的電腦上都有這部電影，那麼，迅雷只是幫你從這些人的電腦上同時下載電影的不同片段，然後在你的電腦上拼成完整的電影。

所以，迅雷其實是用技術手段維護了一套機制，讓用戶們自己服務自己。用戶愈多，下載速度反而愈快，而迅雷伺服器並沒有承擔巨大的壓力。這就是 P2P。

所以，P2P 不是網路借貸，它是一種通過讓用戶自己服務自己的方式，節省中心化的資源使用，從而優化交易結構的商業模式。

影片網站可以怎樣借助 P2P 模式優化交易結構呢？

二〇一七年，阿里巴巴集團宣布正式啟用PCDN（內容分發網路）服務，把很多家庭的行動硬碟變成共享儲存資源，把包月流量變成共享網路資源，然後讓用戶自己服務自己。阿里巴巴集團通過技術手段，將影片、文件等資料事先自動分布在無數家庭的行動硬碟上。當某個用戶打開影片網站時，為他提供服務的可能不再是電信機房，而是他的鄰居，而且用戶愈多，速度愈快。

P2P的本質是去中心化，用科技取代過去必須由中心化機構提供的「資訊中介」和「信任中介」價值，從而優化交易結構，讓用戶自己服務自己，最終使各方獲益。

那麼，P2P的模式還能優化哪些交易結構呢？

做二手商品回收和轉賣生意的機構可以嘗試用P2P模式：讓有購買需求的用戶直接找到有出售需求的用戶，無須中介，自行交易。這就是「閒魚」App。

假設某投票站承接了美國四年一次總統大選的投票服務，它也可以嘗試用P2P模式優化交易結構。投票站之所以僱用成千上萬的人做嘗運，目的是為了提供可信的唱票服務。如果換作使用「加密的分布式記帳技術」來投票，就可以做到每個人投票時都向全網廣播，投票記錄不可篡改，這樣幾乎可以立刻把營運人員省掉，優化「全美國大面積人工唱票」的交易結構。這就是「區塊鏈」。

一九九四年，凱文・凱利（Kevin Kelly）在《失控》一書中成功預測了如今網路界的很多商業模式，許多人因此把他稱為「預言家」。有人問：「據您預測，未來二十年最大的變化是什麼？」他回答：「未來二十年，去中心化是不二法門。」

C2B、O2O、P2P是網路環境下優化交易結構的三大模式，它們的名字裡都有一個「2」（to），為什麼？因為「2」代表著「從你到我」或「從我到你」，其本質就是連接。C和B的連接方式被優化了，就是C2B；O和O的連接方式被優化了，就是O2O；P和P的連接方式被優化了，就是P2P。所以，連接帶來無窮價值。

掌握關鍵

- **P2P**是「同級與同級做交流，不再需要中心化的協調者」的意思。讓用戶自己服務自己，能夠節省中心化的資源使用，進而優化交易結構。

延伸思考

職場or生活中，可聯想到的類似例子？

3 PART 商業的視角

第7章

微觀

啟動亮點

坐下來想一想：你到底擁有什麼稀少性的東西，可以提供給消費者。比功能更稀少的，是體驗；比體驗更稀少的，是個性化。

01

供需理論——看見那隻「看不見的手」

個體經濟學是經濟學最重要的領域之一，而「供需理論」是個體經濟學中最核心的概念。

著名經濟學家保羅・薩繆森（Paul A. Samuelson）說過，只要教懂一隻鸚鵡說「供給」和「需求」，它就能成為經濟學家。

舉個例子。傳說有一次拿破崙宴請客人，餐桌上給客人用的餐具幾乎都是銀製的，只有他自己用的是鋁碗。很多人也許會覺得，拿破崙貴為皇帝，居然讓客人用銀碗，自己用鋁碗，多麼謙卑啊，難怪他總打勝仗。事實真是這樣嗎？在拿破侖生活的時代，冶煉金銀已經有很長的歷史，銀器在宮廷中比比皆是；但那個時候，人們剛剛學會從鋁礬土中煉出鋁來，技術非常落後，鋁碗十分罕見。所以，拿破侖讓客人用銀餐具，而自己用鋁碗，其實是為了顯示自己的尊貴。

這個「尊貴」中的「貴」字，有時並不是因為某樣東西真有價值，而是因為供需關係中的「供給」稀缺，也就是所謂的「物以稀為貴」。

那麼，稀有之物會永遠稀缺嗎？如果某種稀缺是由自然資源決定的，比如黃金，可能會一直「供不應求」，黃金甚至因此成為貨幣；如果某種稀缺可以被科技解決，或者可以被資訊對稱彌補，這個「貴」就會刺激大量供給方加入，直到供需平衡，價格回跌。

什麼是供需理論？**供需理論是一個經濟學模型，意爲在競爭性市場中，供給和需求的相對稀缺性決定了商品的價格和產量。**

這種供需關係通過價格和競爭自我調節的現象，就是亞當·史密斯（Adam Smith）在《國富論》裡說的那隻著名的「看不見的手」。

曾有一篇名為《淘寶不死，中國不富》的文章在網路上瘋傳，它的大意是說，淘寶讓商家們進行非常慘烈的比價，把所有商品的價格壓得非常低，商家們都賺不到錢。因此，如果淘寶不死，中國就富不起來。

如果理解了供需理論，並看見了那隻「看不見的手」，我們就會明白：中國很多企業賺不到錢並不是因為淘寶，而是因為供需關係。

如今商業世界有一個問題，只要有人因為做了某個東西賺了錢，全國的同行和外行就一擁而上，以迅雷不及掩耳之勢進行模仿，導致到處都是一模一樣的仿冒品。當供給極大增加，遠超有效需求時，價格就會迅速下跌。但在過去，這隻「看不見的手」忙不過來，調節市場有些慢。後來，淘寶出現了，它有一個叫「價格排序」的按鈕，可以幫助「看不見的手」淘汰過度產能，提高效率。接著，天貓、京東、1號店等電商平臺也加入了這個陣營。所以，中國企業賺不到錢並不是因為淘寶，淘寶只是提高了市場自我調節的效率。真正的原因是供給側過於同質化，產能嚴重過剩。這也是國家要把「去產能，去庫存」的供給側結構性改革作為重要發展戰略的原因。

供給少會導致價格上升，價格上升會導致需求下降、供給攀升；供給多會導致價格下降，價格下降會導致需求上升、供給減少……如此往覆，市場最終會趨於相對平衡。

理解了供需理論，應該如何順應「看不見的手」調節商業策略呢？

假設你是一個微信公眾號的運營者，除了苦苦寫文章，看著訂閱量一個一個增長以外，也要思考你所供給的是不是稀缺內容。微信公眾號剛起步的時候，完全沒有供給者，那時隨便一個「冷笑話精選」都是稀缺內容，所以能獲得海量粉絲和可觀收益。然後，可觀收益刺激了大量供給方的加入，於是產生了無數同質甚至盜版的內容。目前微信上存在著超過二千萬個公眾號，用戶需求被充分滿足，每個公眾號的點閱率也隨之劇烈下降。現在，再去做微信公眾號，就不是和「荒蕪」競爭了，而是和「充沛」競爭。「看不見的手」正在把訂閱用戶和收益往真正稀缺的原創優質內容上調撥，這是必然要順應的趨勢。

如果你不想在這個博弈遊戲裡疲於奔命，就要認真想一想，你到底有什麼稀缺的東西可以提供給消費者。比功能更稀缺的是體驗，比體驗更稀缺的是個性化。比如，如今大家稀缺的不是免費的商業知識，因為網上太多了。大家稀缺的是把這些知識內化的時間。從供需理論的角度來看，我在「得到」App開設的課程《5分鐘商學院》就提供了一種稀缺的能力，可以幫用戶花最少的時間學到最有用的商業知識。

掌握關鍵

供需理論

這是個體經濟學中最核心的概念，指的是在競爭性市場中，供給和需求的相對稀少性，決定了商品的價格和產量。供給少，會導致價格上升；價格上升，會導致需求下降和供給攀升；供給多了，又會導致價格下降、需求上升、供給減少……如此往復，最終達到平衡。

延伸思考

職場 or 生活中，可聯想到的類似例子？

02

啟動亮點

水、陽光、空氣，這些生命中最有價值的東西，因為供給充沛，邊際效益幾乎為零，反而都是免費的。

邊際效益——

為什麼麥當勞的可樂免費續杯

在美國，麥當勞的可樂可以免費續杯。無論顧客買了大杯還是小杯，喝完之後都可以無限量、無限次地加滿繼續喝。第一次聽說時，我不相信：我在美國吃過不少麥當勞，怎麼不知道？後來再去美國，我專門去麥當勞驗證了一下，發現居然是真的。我和麥當勞店員聊了很久，她也說不出來這樣做的原因，只告訴我「這就是規定」。

後來我專門做了一些研究，終於明白這件事可以用經濟學中一個非常重要的概念——「邊際效益」來解釋。

邊際效益是指，每多消費一件商品，它帶來的額外滿足感。

比如，很多人都聽說過「七個饅頭」的故事。某人饑腸轆轆，看到一家饅頭店，於是對老闆說：「讓我做什麼都行，求你讓我吃個饅頭吧。」吃了一個，他覺得非常滿足；吃第二個，還是不錯；到第四個、第五個的時候，饅頭帶來的額外滿足感就大大下降了；到第七個的時候，饅頭已經不能帶來任何滿足感了。如果吃十個，這個額外滿足感可能就為負了。到那時，這個人會對老闆說：「讓我做什麼都行，求你別再讓我吃饅頭了。」

雖然這幾個饅頭的生產成本都一樣，但給消費者帶來的滿足感卻完全不同。**人們對物品的欲望會隨欲望的不斷滿足而遞減，如果物品數量無限，欲望可以被完全滿足，欲望強度就會遞減到零，甚至爲負。**最後一個饅頭給人帶來的額外滿足感，就是邊際效益。

所以，美國的麥當勞其實是在賭這樣一件事：某位消費者還沒有喝多少，可樂對他的邊際效益就已經降為零了；給他免費續杯，他也不喝了。為什麼麥當勞在中國不免費續杯呢？我猜想，大概是因為美國人覺得可樂糖分太高、不健康，喝兩杯邊際效益就降為零，中國人可能要喝上四五杯，邊際效益才會減少。

理解了邊際效益，我們就能理解亞當·史密斯在兩百多年前提出的著名的「價值悖論」：為什麼鑽石比水貴？明明水對人類的價值巨大，如果沒有水，我們會死去，沒有鑽石卻不會死人。

這個問題困擾了人類很多年，直到「邊際效益」理論被提出。這個理論解釋說，因為我們用的水很多，所以最後一單位水帶來的邊際效益微不足道；相反，雖然鑽石對人類的價值不如水大，但因為我們購買的鑽石極少，所以它的邊際效益很大。我們最終都是在為邊際效益付費，因此，「鑽石價格高，水的價格低」是合理的。同理，陽光、空氣，這些生命中最有價值的東西甚至都是免費的。

那麼，如何將邊際效益的邏輯運用於商業策略中呢？

在打國際長途的時候，很多人為了省錢，說完最必要的話就會把電話掛掉。電信公司不妨嘗試用邊際效益的邏輯來定價：國際長途通話的第一分鐘收費十元，因為這一分鐘的效益最大；第二分鐘收費一元；從第三分鐘開始，每分鐘收費〇·一元。雖然每分鐘的通話成本可能都一樣，但電信公司可以對「最必要的話」收取較高的費用，對邊際效益遞減的那些「不太必要的話」收取較低的費用。這樣一來，就能鼓勵大家多聊一會兒，電信公司因此也能獲得更多的收入。

一個女孩買了一件非常漂亮的衣服，價格是一千元。這時商家不妨告訴女孩：如果你買第二件，我只收八百元。有的人可能會想：進貨價都一樣，為什麼第二件要便宜呢？因為第二件衣服對這個女孩的邊際效益已經大大降低了，第二件衣服的滿足感在她心中可能只值八百元。雖然把價格降低之後，利潤也相對降低，但是商家可以做成一筆額外的生意。

電影院也可以運用邊際效益的邏輯來定價：第一場電影收費一百元，第二場五十元，第三場十元，第四場免費。這樣一來，本來大部分人一天只看一場電影，現在有可能看兩三場；而免費的第四場，因為它帶給觀眾的邊際效益已經幾乎為零，甚至為負，所以就算免費，真正留下來看的人也會非常少。

掌握關鍵

邊際效益

邊際效益，指的是每多消費一件商品，它給消費者帶來的額外滿足感。這個額外滿足感會不斷遞減。當欲望被充分滿足後，邊際效益就會降到零，甚至負數。

延伸思考

職場 or 生活中，可聯想到的類似例子？

03

啟動亮點 每一項選擇都有機會成本。要懂得計算機會成本，比如時間成本、替代方案的投資收益等，然後通過權衡對比，做出理性決策。

機會成本——

你到底是賺了，還是賠了

近年來，中國房地產行業發展得如火如荼。房地產行業有一個特性：雖然一級市場有准入*門檻，不是誰都能買地蓋房子；但二級市場沒有門檻，不但個人可以買房，企業也可以，於是房地產二級市場交易活躍、市場發達。

於是，我們聽到很多令人咋舌的事情。比如，中國大批企業苦苦經營多年，卻發現每年賺的錢相對於炒房來說實在少得可憐，於是紛紛遣

*准入：准許進入行業、領域等。

散員工、關廠買房。一個東莞的老闆甚至說：「我最大的不幸就是沒有早點關廠，沒有買更多房。」

我還聽說過一個最令人潸然淚下的創業故事。十年前，一位創業者以八十萬元的總價賣掉自己在深圳的房子，開始創業。經過幾年的努力，公司開始走上正軌。這位創業者辛苦打拚了十年，終於賺到了四百多萬元的利潤。然後，他用這些錢把自己當初賣掉的那套房子又買了回來。

很多人說，房地產已經成為中國經濟的負擔。為什麼這麼說？大家都能賺錢，不是挺好的嗎？要理解這句話，首先要理解經濟學中的一個重要概念：「機會成本」。

機會成本，是指由於做了某項選擇，而不得不因此失去的利益。

舉個例子，某人把一萬元存進餘額寶*，一年後的收益大概是三百元。如果他選擇拿這筆錢去投資，就不得不失去三百元這個比較確定的收益。這三百元，就是他去投資的機會成本。如果一年後他收益了二百元，看起來是賺了，但相對於三百元的機會成本來說，其實是虧的。假設近期國家發行了一個風險極小，年報酬率達百分之六的債券，也就是說用一萬元買債券一年後能賺六百元。那麼，就算一年後的投資報酬是五百元，也還是虧的。

究竟是賺還是賠，不能只看帳面收益，還要看機會成本。

機會成本聽上去很簡單，但它在商業決策中是一個極其重要的概念。美國著名經濟學家米爾頓・傅利曼（Milton Friedman）曾舉過一個例子。一個人去吃飯，就算餐廳不收錢，他還是要付出代價。因為，他可以用這個時間談一筆生意，去圖書館獲得新知，甚至偶遇未來的女朋友……這些可能性都是吃這頓飯的機會成本。所以傅利曼說：「天下沒有免費的午餐。」

回到房地產的案例上來。為什麼很多人說房地產是中國經濟的負擔？如果在房市裡賺錢太容易了，兩年內就可以使投資翻倍，那麼，每年百分之五十的投資報酬率就是其他行業的機會成本。相對於這個機會

*餘額寶：由中國第三方支付平臺「支付寶」所推出的貨幣資金管理服務，在存款轉入時同步購買貨幣基金，並且使用者可隨時將此基金作為消費支出。

成本，中國絕大部分行業都在虧錢，稍微理性一點的商人都會關廠炒房。但是，如果整個中國經濟都「躺在床上吸食房地產」，沒有人辦廠、創業，經濟最終會崩潰。房地產有不少好處，但有一個很大的罪狀，就是提高了整個中國經濟發展的機會成本。

理解了機會成本，除了買房以外，還能怎麼運用這個商業邏輯呢？

如果商家賣的是相對較貴的東西，可以通過強調便宜的東西隱藏的機會成本來爭取客戶。比如，某商家賣昂貴的西裝，他可以這樣告訴客戶：「如果買了過於便宜的西裝，你可能會因為穿著不講究而無法贏得客戶的尊重，從而喪失生意機會。」喪失生意機會，是買過於便宜的西裝的機會成本。

對個人來說，時間是最大的機會成本。建議你用自己的年收入除以一年的工作時間——大約二千小時，看看自己一小時的機會成本是多少。假如年薪二十萬元，那麼一小時的機會成本就是一百元。那麼，你以後做每一件事情之前都要問問自己，花一小時做它值不值一百元。如果不值，大方地花錢請別人來做。這時，你的付費其實是在賺錢。

但是，對於機會成本的計算也不能盲目放大。比如，有的女孩覺得自己可以嫁給富二代。當她把嫁給富二代作為結婚的機會成本時，就可能會「專業相親三十年」，卻始終無法把自己投資出去。

掌握關鍵

機會成本

如果選擇A，就必須放棄B的話，B就是A的機會成本。對企業來說，最優方案的機會成本，就是次優方案可能帶來的收益。善用機會成本，首先要知道天下沒有免費的午餐，每一項選擇都有機會成本；其次要懂得計算機會成本，比如時間成本、替代方案的投資報酬等，然後通過權衡對比收益和包括機會成本在內的各項成本，做出理性的決策。

延伸思考

職場or生活中，可聯想到的類似例子？

04

啟動亮點

承認人性的自私，讓核心團隊和企業共擔風險，用收益和風險共同激勵他們，讓「自私」而不是「集體主義精神」，成為大家共同獲益的原動力。

誘因相容——

自私是共同獲益的原動力

某老闆經營的一家服裝店生意不錯，他打算開第二家店。為此，他高薪聘請了一個很有經驗的負責人打理原來的店，自己則專注做第二家店。沒想到，負責人剛接手，業績就迅速下滑。老闆趕緊找他談話，他則說了很多現實的困難，聽起來挺有道理，老闆竟無法反駁。但老闆自己經營的時候生意很好，聘請來的人也確實很有經驗，為什麼業績下滑得如此嚴重呢？

要解決這個問題，就需要理解個體經濟學中討論機制設計時，不得不談的一個重要邏輯——誘因相容。

老闆擁有店面資產，是所有者；聘請來的人擁有經營能力，是經營者。這種「委託—代理」的結構，在商業世界中無處不在。比如，對民企而言，公司股東大會委託董事會行使權利，董事會再委託管理階層經營公司；對國企而言，全國人民委託人大管理資產，人大再委託政府投資獲益，政府再投資國企，委託國企的管理階層具體經營。

但「委託—代理」機制有一個很嚴重的問題：委託人覺得收益主要是投資回報，代理人則認爲收益主要是勞動成果，他們都覺得被對方占了便宜。所以，委託人不願意與代理人分享利潤，代理人不願意爲委託人盡心盡力。這種現象被稱爲代理問題（又稱代理兩難）。

比較著名的代理問題現象，叫作棘輪效應。比如，代理人嘔心瀝血經營才把當年的業績做好，結果，委託人會根據當年的業績調高下一年的業績預期。這種「業績指標只漲不降，做得愈好愈找麻煩」的現象，就像機械裝置中的棘輪一樣：只能朝一個方向轉動，到位就被鎖住，然後繼續轉動，無法倒轉。代理人如果足夠理性的話，他的最優選擇是想盡一切辦法降低委託人對業績的預期，即使會因此損失市場機會。

之所以會出現代理問題現象，是因為「委託－代理」的機制設計沒有做到「誘因相容」。**誘因相容，是指私利與公利的一致。每個人都有自私的一面，如果有一種制度設計可以達到「個人愈自私，公司愈賺錢」的效果，那麼它就是誘因相容的制度。**

舉個例子，我的朋友在廣州有一家做傳統壓縮機、泳池熱泵等設備的公司。為了企業發展，他成立了一家子公司探索新業務。和服裝店老闆一樣，他也面臨誘因相容的問題：怎樣讓新公司總經理的私利和新公司的公利真正一致呢？

我的朋友認為，新公司一定不能用「薪資、獎金、分紅」的方式來激勵總經理，因為這些方式只共享收益，不共擔風險。對一家初創公司來說，每天都會面對風險。如果激勵不相容，總經理就會無視創業風險。因此，總經理必須購買股份，成為股東。

假設新公司註冊資金一千萬元，那麼，請總經理拿出一百萬元購買百分之十的股份。如果一個人很有才但是沒錢，可以送給他股份嗎？千萬不能，如果股份是贈送的，總經理就沒有做出任何承擔風險的決定。

這樣一來，員工就被分為兩種。一種員工覺得：我只是來打工的，你讓我掏錢幹，我才不幹呢。另一種則覺得：我貢獻的價值一直遠大於收入，早就想分享整個公司的利潤了。第二種人更適合領導這個子公司。

回到開篇那家服裝店的問題，老闆可以讓新店負責人買點股份。如果他不買，建議立刻換人。老闆應該用收益和風險共同激勵員工，而不是用苦口婆心來勸說員工。

隨後，子公司總經理買了百分之十的股份，核心管理團隊也買了百分之十五，加在一起是百分之二十五。這時，母公司出資五百萬元，占比百分之五十。還有百分之二十五的股份怎麼辦？請母公司高層每人至少投五萬元，加在一起二百五十萬元，不投的高層立刻開除。為什麼這麼做？因為子公司以後一定有機會用到母公司的資源。如果做不到誘因相容，母公司就有可能不幫子公司，甚至使壞。就這樣，一千萬元就湊齊了。

我問那位子公司的總經理：「你當時為什麼會答應？」他說：「因為我有信心。我原來在母公司時年薪七十萬元，拿出一百萬元投資子公司，成為子公司總經理後，我要給自己開年薪了。因為對未來有信心，我給自己開了五百萬元的年薪。」他所有「自私」的利益都和公司的長遠利益完全一致了，這就是誘因相容。我的朋友用這種辦法創辦了七家子公司，每家公司都盈利。

掌握關鍵

誘因相容

每個人都有自私的一面，如果有一種制度設計，讓員工愈自私，公司就愈賺錢，那麼這種制度就是「誘因相容」。承認人性的自私，用正確的機制，讓「自私」而不是「集體主義精神」成為大家共同獲益的原動力。

延伸思考

職場or生活中，可聯想到的類似例子？

啟動亮點

交易成本和管理成本的對比，決定了企業的邊界。企業必須找到自己做比市場做更高效的事情，構建核心競爭力；而把自己做得一般的，盡快扔回給市場。

05 交易成本——企業的邊界在哪裡？

某公司今年業績很不錯，快到年底了，又恰逢公司成立十週年，老闆想辦一場盛大的年會慶祝一下。由於組織年會的人手不夠，行政部提出兩種方案：要麼行政部請人力資源部和財務部的所有同事，二十多人一起來辦，要麼找外面的專業團隊來做，行政部的幾個人協助。

這家公司的老闆應該怎麼選？判斷的標準是什麼？是看誰更加瞭解公司的員工和風格，還是看誰做事情的效率更高呢？

這個看似簡單的問題涉及經濟學中一個重大的理論突破——「交易成本」。交易成本是由著名的經濟學家羅納德・高斯（Ronald Coase）提出的，高斯因此在一九九一年獲得了諾貝爾經濟學獎。

交易成本就是消費者在自由市場上爲達成購買所付出的時間和貨幣成本，通常包括搜尋成本、資訊成本、議價成本、決策成本和監督交易進行的成本等。交易成本對商業活動有什麼具體影響呢？

舉個例子，為什麼亞馬遜用FedEx（聯邦快遞）作為物流支撐，而京東要花巨大的成本構建自己的物流體系？

美國的物流體系已經非常發達，可靠度也很高，亞馬遜可以放心地用相對較低的價格購買到高品質的物流服務。如果自己做呢？第一，不一定做得比FedEx好；第二，組織團隊的管理成本可能比從外部購買的交易成本更高。所以，亞馬遜選擇使用公共物流體系，而不是自建。可以看出，在一個成熟的市場中，交易成本是比較低的。

京東對物流的速度、品質要求都非常高，然而，它很難在中國市場上搜尋到符合條件的物流公司。議價成本、決策成本，尤其是監督交易進行的成本會特別高。雖然管理很麻煩，但是自己組織團隊搭建物流體系的管理成本，還是比從外部購買的交易成本更低，所以京東選擇自己做。

回到最開始的案例，如果投入二十多名員工辦一場晚會的管理成本高於請活動顧問公司的交易成本，老闆就應該請活動顧問公司來做。

高斯的交易成本理論回答了經濟學家一直爭論的問題：企業的邊界在哪裡？企業應該做大還是做小？

高斯認為，**交易成本與管理成本的對比確定了企業的邊界。交易成本愈低的事情，愈應該外部化；管理成本愈低的事情，愈應該內部化。**

這個理論可以指導企業做很多決策。

舉個例子，一家公司需要僱用設計師嗎？過去，很多企業都會僱一名設計師，因為很多設計公司不承接偶發的小設計需求。雖然市場上一定有願意接零工、出價更便宜的設計師，但是很難找到。而管理成本小於交易成本，所以僱用設計師成為一種常態。後來，有一家叫「豬八戒」的網路公司，用非常高效的手段把設計師們連接了起來，就連藏在六線城市的設計師都包括在內。從此，企業可以為偶發的小設計需求找到接零工、出價便宜的設計師，這讓設計的交易成本大大下降，僱用一個設計師就顯得低效了。於是，設計師的外部化就成了趨勢。

再舉個例子，一個企業需要IT（資訊技術）部門嗎？過去，很多企業的辦公室都有幾臺伺服器，用於存放郵件系統、辦公系統甚至業務系統。除了出錢請人開發，企業還要僱用一兩個技術人員管理這些系統。雲端計算出現後，企業信箱、公用雲服務、基於網路的辦公系統等變得又便宜又方便。購買這些服務的交易成本比維護自有系統的管理成本少得多。於是，雲端計算就成了趨勢。

理解了高斯「企業邊界」的邏輯之後，我們很容易得出一個結論：總體來說，未來企業的規模一定是愈做愈小，而不是愈做愈大。小而強，保留自己最有效率的核心能力才是趨勢。

掌握關鍵

交易成本

交易成本就是完成一項交易，除合約價之外，為此額外付出的成本。經濟學家高斯認為，交易成本與管理成本的對比，決定了企業的邊界。根據高斯的邏輯，以及對交易成本會不斷降低的趨勢判斷，可以得出結論：總體來說，未來企業規模會愈來愈小。也就是網路人士所說的，未來會是「自由人的自由聯合體」。這是理想的極致情況，但趨勢是對的。

延伸思考

職場or生活中，可聯想到的類似例子？

啟動亮點

每一件事情的背後，其實都有商業邏輯。瞭解愈多，眼中的世界就愈清晰，愈能高效應對身邊的人和事。

06

對賭基金——每件事背後都有商業邏輯

商業邏輯不是生硬的理論鋪陳，我們可以把它靈活運用於現實生活之中。

我是一個不怎麼愛運動的「宅男」，雖然逼著自己打球，但實在堅持不下去。後來，我又拉了三五好友一起，還是不行。這讓我覺得很痛苦，怎麼辦？

我決定用商業的方式解決這個問題，於是，我設計了一個「對賭基金」。

我和五六個朋友約定：每人交一千元，放入一筆總獎金，每週六去練球的人可以從總獎金裡領取一百元，作為簽到獎金。這個規則很簡單，只要每個人每週都去練球，十週之後大家都可以把自己的錢拿回來。但是，只要有一個人有一次沒去，那麼，其他人連續練球超過十次就可以拿別人的錢了。

想一想，這個看似簡單的對賭基金用了哪些商業邏輯？

第一個，沉沒成本。每人都付出了一千元的沉沒成本，如果不去，免不了會覺得浪費了錢。這就為「去打球」設計了正向的激勵。

第二個，損失趨避。如果有個富有的朋友說「我出所有的錢，你們來了就有獎金」，這個激勵還有效嗎？那一定不如自己掏了錢，再拿回去來得有效，因為「損失一百元的心疼」大於「得到一百元的快樂」。

第三個，適應性偏見。持續的滿足來自「對比幸福感」。如果一個朋友說：「你還沒有拿回自己的錢？我每次都來，已經開始拿你們的錢了，哈哈哈……」這種對比幸福感的激勵，會在損失回收後持續激勵運動熱情。

第四個，誘因相容。如果把金錢的激勵當作私利，把身體的健康當作公利的話，在這套激勵制度下，一個人愈想賺錢，身體就會愈好，完全做到了誘因相容。

這個規則得到了朋友們的一致贊同，在那段時間裡，我和朋友去鍛煉的積極性明顯增加，運動不再枯燥無味。

二〇一三年，我設計了這套運動對賭邏輯後就在想：有沒有可能把它用在真正的商業計畫裡呢？於是，我把這個方法告訴了一些做運動健身行業的創業者，他們也開始用了起來。

二〇一四年，我關注到微信裡出現了一種類似的玩法，叫「不跑就出局」。它的規則也很有趣：第一，在「不跑就出局」的微信平臺加入或創建一個跑步班，每人拿出一筆錢作為跑步契約金；第二，使用跑步App記錄跑步數據，提交至「不跑就出局」微信公眾號，按照提示完成打卡；第三，少跑幾天就扣除幾天的契約金，納入跑步班總獎金；第四，一週結束後，剩餘契約金全部歸還個人，成功堅持打卡的跑友平分總獎金。截至二〇一六年七月，已經有近十萬人參加「不跑就出局」跑步計畫，這個計畫的創始人因此拿到了聯想樂基金的二百萬元投資，洪泰基金也跟投了一百萬元。

「不跑就出局」的玩法是不是跟我設計的「對賭基金」很像？所以，每一件事情背後，都有其商業邏輯。熟悉這些邏輯之後，我們可以將其運用於工作和生活的方方面面。

掌握關鍵

對賭基金

將商業邏輯零活運用於現實生活中，激勵眾人達到共同目標。這些商業邏輯包括：沉沒成本、損失趨避、適應性偏見，以及誘因相容。

延伸思考

職場or生活中，可聯想到的類似例子？

07

僱用客戶——

讓客戶幫你管理員工

啟動亮點

當管理成本大於交易成本時，這件事就該交給市場做，而不是企業自己做。企業要想辦法僱用客戶來幫忙管理員工，提升服務水準。

有一次，我去一家餐廳吃飯，點餐後，服務生拿了一個沙漏放在桌上，對我說：「先生，如果您點的餐十分鐘之內沒有上齊，我們送您一盤水果。」有人可能會覺得，餐廳這麼做是為了讓顧客感受到更真誠的態度和更優質的服務。但不僅僅是這樣，它的背後有一個非常有趣的商業邏輯，叫作「僱用客戶」。

什麼叫僱用客戶？

一家餐廳的總收入，可以用每桌所點料理的價格乘以餐廳的滿座率，再乘以每桌的翻桌率估算出來。翻桌率指的是一張桌子一天能承接多少波客人，它和零售業、投資界的週轉率是類似的概念。一天的翻桌率是兩次還是三次，會對餐廳收入產生非常大的影響，甚至直接決定一家店的盈虧。

提高翻桌率有兩個辦法：第一，讓顧客吃得盡量快一點，比如肯德基店面播放快節奏的音樂，使用硬凳子等都是這個目的。但餐廳只能暗示，顧客吃得快或慢並不是餐廳能完全決定的。第二，加快上菜速度，通過減少顧客的等菜時間來提高翻桌率，這是餐廳可控的、能夠有效提高翻桌率的因素。

那麼，如何加快上菜速度？

很多公司的基本做法是下達管理指標：餐廳必須在十分鐘之內把菜上齊。可是，公司很難找到好的監督方法。假如某餐飲公司在中國有上百家連鎖餐廳，它總不能派一個督察隊去檢查吧！就算監督得了每一家餐廳，也很難檢查每一桌。通過「下達任務＋抽樣檢查」的管理手段提高上菜速度，非常低效。

其實，有一個非常簡單的方法 — 僱用客戶。先給顧客一個預設的獎勵，比如一盤水果，然後在他面前放一個計時的沙漏。獎勵和計時工具放到一起，顧客就被僱用上工，幫忙監督上菜時間了。

比如我去的那家餐廳，如果沒能做到十分鐘上菜，餐廳就會送顧客一盤水果。這盤水果並不貴重，它的成本也許只有五元或者十元。但通過這種方式，公司對每一家餐廳、每一個時間點的每一桌料理的檢查率都達到百分之百。這樣一來，餐廳經營的行為指標，即「上菜速度」，就可以得到非常好的貫徹。上菜速度提高，翻桌率就會提高；翻桌率提高，餐廳的經營效率就會提高，餐廳的收入也會因此大大提高。

我在前文中提過，一件事的管理成本大於交易成本的話，應該把它交給市場完成，而不是自己來做。**僱用客戶，就是把對員工的管理變成與客戶的交易。**

那麼，這家餐廳僱用客戶的小邏輯，有沒有可能變成商業世界的大邏輯呢？

很多人都知道，在美國用餐，顧客會根據自己的滿意度給服務生小費。這就相當於把餐費中的一個組成部分——服務生的薪資，交給顧客來發。餐廳用交易的方式僱用客戶給服務生發薪資。顧客不滿意，就可以給服務生「扣薪」。小費就是一種通過僱用客戶來提升服務水準的有效手段。

中國沒有給小費的習慣，但我們有評分的習慣。乘客下了車、付了款，專車App會要求乘客對司機做出點評。因為有這個點評，專車司機的態度就特別好：「你冷不冷呀？要不要喝水？車上有Wi-Fi要不要用？」通過一個小小的點評，專車App就通過僱用客戶來提升司機的服務水平。

掌握關鍵

僱用客戶

僱用客戶，就是先給客戶一個預設的獎勵，再給他一個工具。獎勵和工具，這兩樣東西放一塊兒，客戶就能被僱用上工，幫助企業監督管理員工。

延伸思考

職場 or 生活中，可聯想到的類似例子？

08

農耕式經營——

像耕耘土地一樣經營企業

啟動亮點

當市場從爆發走向成熟，企業也該從狩獵式經營走向農耕式經營。單客經濟、獎金制度銷售激勵和合夥人制度，能夠有效激勵企業員工。

我在一家很成功的企業擔任戰略顧問。這家企業過去發展得突飛猛進，一直是業內翹楚。然而，隨著行業環境巨變，它的發展由盛夏進入了寒冬，活下去變成最重要的訴求。過去攻城略地的打法可能不再有效了，怎麼辦？我們決定：從狩獵式經營轉向「農耕式經營」。

什麼叫狩獵式經營？什麼叫農耕式經營？

先說狩獵式經營，用一個字總結就是——搶。

獵人獲取食物的方式是去山裡打獵。沒吃的了，就去打隻兔子。如果打到一頭野豬，可以吃好幾天；吃不完的就晒成肉乾，留到冬天。

在資源極度豐富的情況下，狩獵給了獵人很大的自由度，但代價是不確定性。

對應到商業世界，這就是狙擊手式的經營，打一槍換一個地方，四處投槍。遇到難的和容易的，先挑容易的；遇到大的和小的，先挑大的。反正潛在客戶多，槍法好，生意就能愈做愈好。狩獵式經營是市場足夠大、競爭對手不夠多時，企業搶奪市場份額的常用策略。

再說農耕式經營，用一個字總結就是——種。

農民獲取食物的方式是去田地裡耕種。春天種秋天的，秋天囤冬天的。耕種不像狩獵，無法「立等可取」，而是積蓄千般辛苦，獲得一朝收獲。土地是農民的生命。向土地索取產出，同時呵護好土地是農民的首要責任。

對應到商業世界，客戶就是企業的「地」。企業被綁在這塊地上，失去了自由度，卻換來了確定性。要想客戶重複購買，就要依靠優秀的產品和發自內心的卓越服務，不斷提升客戶體驗，獲得客戶終生價值。

農耕式經營是市場格局穩定、競爭對手林立時，企業獲得穩定增長的常用策略。

市場從爆發階段走向成熟階段，企業也從重視自由度走向重視確定性，從狩獵式經營走向農耕式經營。具體怎麼做呢？有三件兵器：單客經濟、銷售激勵和合夥人制度。

第一，單客經濟。對銷售的考核，從只考核總業績變為考核指定城市、指定客戶的業績。過去是「打土豪」，現在要「分田地」。每人分一塊地，無論肥沃或貧瘠，分到哪塊算哪塊。銷售要在這些指定的城市、指定的客戶身上用心耕耘，以求同一客戶重複購買的確定性，而不是「今天運氣好，又打了幾隻兔子」。把客戶關係和重複購買放在第一位，這就是單客經濟。

第二，銷售激勵。分完地之後，再分錢。過去公司用拆帳制，銷售人員僥倖獵殺一隻霸王龍，公司就把整條腿切給他，於是銷售人員都去找恐龍了，沒人理兔子。現在改為獎金制：設定一個銷售指標和一個獎金包，完成多少比例的銷售指標，就拿多少比例的獎金紅包。根據情況，每塊土地的銷售指標和獎金紅包都不一樣，這樣一來，在新疆種千斤哈密瓜的人和在江南種萬斤水稻的人，就有可能拿一樣的獎金了。土地再貧瘠，只要指標低也會有人願意耕種；經過多年耕耘，再貧瘠的土地也會變得肥沃。

第三，合夥人制度。分完錢之後，再分權。合夥人制度就是一種「聯產承包責任制*」，這塊地是你負責的，那麼糧食收獲後我只拿一千斤，超額部分你六我四。有了當家作主的權利後，員工會想盡一切辦法提高地產，服務好客戶。

農耕式經營就是先分地，再分錢，最後分權，也就是單客經濟、獎金制銷售激勵和合夥人制度。

這種農耕式經營，可以在更廣泛的商業領域被其他企業採用嗎？

*（家庭）聯產承包責任制：中國於一九八〇年代初期在農村推行的一項改革開放制度，也是農村現行的基本經濟制度，由國家與農民訂定合約，規定農民將指定數量上繳給國家後，其他餘糧由農民自行處理，可在市場出售。

當然可以。我在領教工坊*帶領一個私人董事會，十幾位組員都是各行各業成功的企業家。其中一位組員創立了一家非常傳統的工程企業，這家企業在上海進行狩獵式的攻城掠地，做得很成功。發展到一定階段後，開始慢慢進入農耕式經營。這位組員把公司原來的三個事業部拆散為若干個「聯產承包責任組」，指定客戶，然後用獎金制和合夥人制度進行管理。這些小組給公司交足了合理利潤後，超額利潤小組拿百分之六十，公司拿百分之四十。這個制度實行不到一年，整個公司的精神面貌大變，業績暴漲了百分之七十。

*領教工坊：以私人董事會方式進行領導力訓練的民營機構。

掌握關鍵

狩獵式經營VS農耕式經營

狩獵式經營，用一個字來總結，就是「搶」。狩獵式經營是在市場足夠大、競爭對手不夠多時，企業搶奪市場份額的常用策略。農耕式經營，用一個字來總結，就是「種」。農耕式經營，是市場格局穩定、競爭對手林立時，企業獲得穩定增長的常用策略。狩獵式、農耕式，各有特點，適合企業不同階段。從狩獵式走向農耕式，需要三件兵器：單客經濟、獎金制銷售激勵和合夥人制度。

延伸思考

職場or生活中，可聯想到的類似例子？

09

打開慧眼——

美國有沒有網路思維

啟動亮點

商業世界，被無數規律同時作用。學到的規律愈多，眼中的世界就愈清晰，也愈會「看情況」，以不變應萬變。

學習商業知識能加持企業，也能擦亮我們看世界的慧眼。那該如何「打開慧眼」呢？

比如，我問一個問題：美國有沒有網路思維？回答這個看似簡單的問題，卻要動用不少「商業兵器庫」中的「兵器」，像「流量之河」、「倍率之刀」、「價量之秤」、「資訊對稱」、「邊際成本」、「機會成本」、「人口撫養比」和「全通路零售」。接下來，我來一一剖析。

首先，美國和中國的網路有差異嗎？美國最重要的購物節叫「黑色星期五」。這一天淩晨，商場的大門一拉開，顧客立刻如潮水般湧入。中國沒有黑色星期五，但是中國有「雙十一」。雙十一的第二天，很多快遞分揀站的包裹就會堆積成山。二〇一八年，雙十一當天的包裹超過十億件。

為什麼會這樣？是中國的網路比美國更先進嗎？不是先進，而是不同。這個「不同」體現在四個方面。

第一，物流。所有的銷售，最終都是資訊流、資金流和物流的萬千組合。通過對通路的本質進行分析，我們會發現，美國和中國的物流成本很不相同。美國地廣人稀，人工昂貴，快遞員開一輛車，送完一戶到下一戶，可能要再開半個小時。中國呢？快遞員騎一輛電動車到社區門口，一棟樓就有好幾件包裹，一趟能送完一個社區的包裹。

居住密集、人工成本低導致中國的「最後一公里」的物流非常便宜。這種狀態能持久嗎？估計很難。中國的勞動力一代代減少，薪資一年年增高。九〇後、〇〇後多半不願意從事快遞工作，即便願意做，價格也會愈來愈高。今天我們買一個一百元的東西，運費六元送到家；如果有一天，送到家要花六十元，你還會買嗎？居住密集度和勞動力價格導致「最後一公里」的物流價格不同，這是中國和美國電商的巨大差異。

第二，地產。大概從一九九七年開始，中國地產的成本不斷攀升，所以，當今線下零售的很大一部分收入都交了「地產稅」。學習過「機會成本」之後，我們知道，房地產是所有行業的機會成本。線下要賺錢，收益必須大於租金。學習過「流量之河」之後，我們知道，租金又是線下零售的流量成本。電商沒有這一部分成本，因此與線下形成了巨大的流量成本落差。網路衝擊線下零售，勢如破竹。然而，美國房地產並沒有如此瘋狂，所以成本落差並不明顯。這是中美網路的另一個差異。

這種狀態能持久嗎？不一定。線下零售無法盈利，紛紛關門，租金必然下跌，新平衡就會形成。

第三，人口。有一家德國的網路公司，它的官方網站首頁上赫然寫著：

> 我們的使命，是成爲全世界除美國和中國之外最大的網路平臺。
> （Our Mission:To Become the World's Largest Internet Platform Outside the

United States and China.）

使命是一個公司所能想到的最遠的未來，德國公司能想到的最遠的未來也不和美國、中國相比，為什麼？因為網路是一個人口遊戲。網路非常重要的作用就是把邊際成本降為零，所以，人口愈多的國家，網路效應愈明顯。此外，因為人口多，中國企業可以用日本企業、德國企業，甚至美國企業都看不懂的方式，把價量之秤的砝碼完全撥到「量」的極端。

人口數量，也是中美網路的重要不同之處。

第四，效率。中國改革開放以來，零售業發展時間不長，還沒有出現像沃爾瑪這樣的商業巨頭，當大量零售企業還在靠資訊不對稱賺錢的時候，網路的時代已經來臨。理解了「資訊對稱」之後，我們知道，消除資訊不對稱是網路影響商業的底層邏輯。所以，中國零售業面臨巨大衝擊。美國零售業已經非常成熟，效率非常高。沃爾瑪、好市多都在極低毛利下運行，美國梅西百貨有百分之四十的商品都是自營的。相比之下，中國零售業的效率太低。所以，網路舉起了「倍率之刀」，一刀一刀砍下去。

看清楚中美在物流、地產、人口、效率四個方面的不同，美國有沒有網路思維的問題就能得出答案了。

商業世界裡無數規律同時在發揮作用，只學會一招的時候，你也許會覺得自己天下無敵。隨著學到的規律愈多，眼中的世界就愈清晰，也愈會「看情況」，以不變應萬變。思考時靜若處子，行動時動若脫兔。

掌握關鍵

打開慧眼

美國有沒有網路思維？

如果拿出商業兵器庫裡的流量之河、倍率之刀、價量之秤、資訊對稱、邊際成本、機會成本、人口撫養比和全通路零售來分析，看清楚中美在物流、地產、人口、效率四個方面的不同，就能得到答案。

延伸思考

職場or生活中，可聯想到的類似例子？

10

商品證券化——如何只賣LV不做包

啟動亮點

如果你想通過買賣一些虛擬價值大於使用價值的商品賺差價，比如高級菸酒、黃金等，為它們進行「商品證券化」的包裝，就能更快賺錢。

商品既有理性的使用價值，也有感性的情感價值。比如LV的包，裝東西是它的理性價值，彰顯身分是它的感性價值。

通常情況下，在理性價值部分，原材料成本占比會很高；而感性價值被認為是一種虛擬產品，所以「邊際成本」很低。於是，有人腦洞大開：可不可以只賣商品的感性價值呢？答案是可以的。這涉及一種特殊的金融工具——「商品證券化」。

每年中秋節，網上都會流傳一個故事：某個月餅廠生產了一張面額一百元的月餅券，然後以六十五元的價格賣給經銷商；接著，經銷商以八十元的價格把月餅券賣給某家公司的人力資源部；這家公司又把月餅券作為福利發給了員工，員工拿著月餅券高高興興地回家了。

然而，故事到這裡並沒有結束。有個員工並不喜歡吃月餅，他用四十元的價格把月餅券賣給了黃牛，黃牛又用五十元的價格把月餅券賣回給了那家月餅廠。這就出現了一個有趣的結果：月餅廠沒生產任何東西卻賺了十五元。

為什麼會出現這種情況？這是因為，月餅廠用月餅券的方式對月餅進行了「商品證券化」，並用這張證券代替月餅完成了情感價值的流轉和銷售。

什麼叫商品證券化？**商品證券化就是通過金融化包裝，把商品變成有明確價格的權益憑證。**比如月餅券就是實體月餅的證券化，它既有價格，又可以兌換成實體月餅。

在這一過程中，公司送給員工的月餅，可以從邏輯上分成兩個部分。實體部分是可以吃的理性價值，就是月餅本身；虛擬部分是只能體會的感性價值，是公司送給員工的一種節日關懷。

月餅廠用「商品證券化」的方式，剝離了月餅的理性使用價值，然後讓月餅券承載著感性的情感價值。這個「節日關懷」流轉了一圈，完成了虛擬產品的銷售。最後，月餅廠把完成價值的證券回收銷毀。

對員工來說，把價值一百元的月餅券賣了四十元，說明他把價值六十元的虛擬關懷收下了。月餅券不僅提高了「關懷」的交易效率，還消除了不必要的生產浪費。這就是商品證券化。

那麼，這種有趣的商品證券化的工具還能在哪些行業使用？有什麼具體方法呢？其實，商品證券化可以在所有「商品的虛擬價值大於其使用價值」的行業使用。

比如禮品行業。你準備去拜訪一個朋友，想買一盒營養品作為見面禮。如果營養品的廠商使用商品證券化的邏輯，在你付款後，銷售人員會給你一張精美的提貨券而不是營養品本身。而朋友收到提貨券後，他有兩個選擇：如果他很需要這個營養品，可以去超市提貨；如果他並不需要，就可能把提貨券兌換為現金——這個時候，他僅僅收下了你的關懷。

商品證券化在一些特殊的商品領域應用更廣。

比如黃金，它雖然有一定的使用價值，但更多的是虛擬價值，商品證券化的方法可以提高它的流通率。於是，金融機構發明了紙黃金，就是一個人擁有多少量的黃金的憑證。炒黃金的人擁有了這種證券之後，就無須扛著金子買進賣出，極大地提高了效率。

掌握關鍵

商品證券化

所有「虛擬價值大於使用價值」的商品，都可以採用商品證券化的方式，比如月餅、粽子、高級菸酒、保健品、營養品、黃金等。發行這些商品的提貨券，並且設計最終回收的閉環。在網路時代，商家甚至可以只發行提貨碼，並且提供回收提貨碼的網址，這樣效率更高。

延伸思考

職場 or 生活中，可聯想到的類似例子？

11

網路金融——

找到更高效的風險買賣模型

啟動亮點

想在網路金融領域創業，就要先找到金箍棒——更高效的風險買賣模型。要確定自己能以創新優化的方法幫助客戶解決問題，否則，千萬別去創業。

假設一家傳統金融機構的員工想創業，他做什麼計畫好呢？流行的「網路金融」、「科技金融」看起來都不可靠，到底應該選什麼作為切入點，怎麼開始創業呢？其實，愈是在高速變化的時代，愈要回歸本質。我們需要先理解金融的本質是什麼。

自從美國 P2P 公司 Lending Club*成名，中國就掀起了一輪 P2P 狂潮，幾千家 P2P 公司如雨後春筍般一夜之間冒了出來。但一場大風過

*成立於二〇一六年，提供 P2P 貸款的平臺中介服務。

後，這些春筍又被連根拔起。為什麼會這樣？

金融是典型的「風險買賣」的生意，而P2P公司其實是依靠更有效的「風險管控機制」，把借錢人不還錢的風險從出借人手中買走。可是，很多P2P公司根本就沒有這個機制，所以做得愈大，死得愈快。

什麼叫更有效的「風險管控機制」？

假設微信來做P2P，它可以怎麼設置「風險管控機制」呢？A想借一萬元，願意給百分之八的年報酬率，十天歸還，按天計息。雖然百分之八的年化利率比銀行利息高，但萬一A不還錢怎麼辦？微信就要求A以自己的微信溝通權做抵押，如果十天後A沒有還錢，微信就可以給與A溝通頻率最高的二十個人發消息：你們的朋友欠了一萬元，請提醒他還錢。

這二十個人，可能是A的家人、朋友、同事，或者商業夥伴，甚至是客戶。他們得知A連一萬元都還不起，沒有信譽，很可能就不跟A合作了。

什麼叫信用？這就是信用。那二十個人是一個人最怕失信的對象。

那A會不會跟這二十個人串通呢？A先借了一億元，到期不還後，二十一個人集體消失。為了一億元可能有人會這麼做，但只是一萬元的話，幾乎沒人願意。每一個風險，都有它的價格。

金融的本質就是「風險買賣」。真正的網路金融、科技金融，或者任何一種「新金融」，都應該基於更高效的「風險買賣」模型。否則，都是死路一條。

那麼，一個人怎麼才能具備這種能力，並用它去創業呢？

如果你原來在一家汽車保險公司工作，可以找一找更高效的「風險買賣」模型。

以前的車險，保費幾乎是固定的。可是，我的那輛車一年幾乎開不了幾天，讓我和每天都開三十公里上下班的人交一樣的保費，合理嗎？顯然，這個「風險買賣」的模型有問題。

現在有一種設備叫車載診斷系統（OBD），放在車裡可以監測行車數據。有了OBD後，車險就可以按照公里數來計算了。但是，每公里應該交多少保費呢？按照車主的行車習慣來定價。開車習慣好的人應該便宜，而開車習慣差的人，比如打著左轉燈卻右轉的人，就應該多交錢。

按照公里數和行車習慣來訂保費的方式，不管它叫網路金融還是科技金融，其實都是根據數據，用一套更有效的「風險買賣」模型把車主的行車風險給買走。像我這種車主可以因此更省錢，而車險公司可以因此更賺錢。

最後，回到創業的問題上來。一個人應該用什麼樣的姿勢，在網路金融或者科技金融的領域創業呢？應該先找到「如意金箍棒」，即更高效的「風險買賣」模型，並以此為核心競爭力一路前行。否則，別去創業。

掌握關鍵

網路金融

本質上就是擁有更高效的風險買賣模型的金融。其實，金融的本質從來沒有變過，只是自大到認為自己可以藐視其本質的人愈來愈多。

延伸思考

職場 or 生活中，可聯想到的類似例子？

第**8**章

宏觀

01 **節約悖論**—居民愈節約，國家愈貧窮

02 **看得見的手**—政府應不應該干預市場

03 **人口撫養比**—從中國製造到中國創造

04 **泡沫經濟**—警惕脫離現實的共同想像

05 **再分配**—你贊成給全民無條件發錢嗎？

06 **去中心化**—商業世界必須要有一個中心嗎？

07 **零邊際成本社會**—未來所有商品都會免費嗎？

08 **人工智慧**—未來的工作會被AI取代嗎？

09 **奇異點臨近**—人類最遠的未來

10 **基因工程**—如果活到一百二十歲，如何規劃人生

01

節約悖論——

居民愈節約，國家愈貧窮

啟動亮點

你的消費，都是別人的收入。別人的收入，又會變成新的消費或者投資。GDP因此會愈滾愈大，這就是「乘數效應」。

總體經濟學領域的很多內容比較抽象、複雜，令人費解。這些內容有的是知識，有的只是觀點，有的甚至只能說是推測和猜想。所以，總體經濟學領域有很多爭論，再厲害的專家提出的觀點都會有反對者。有人把總體經濟學和個體經濟學的關係比作中醫和西醫，經濟學家許小年也曾直截了當地說：「總體經濟學就是偽科學。」這也提醒我們要以批判性的眼光看待總體經濟學，不能全部奉為真理。

在總體經濟學中，有一個有趣的概念：「節約悖論」。

一九三六年，著名經濟學家約翰・凱因斯（John Keynes）在其著作《就業、利息和貨幣通論》一書中提到了一則寓言：有一窩蜜蜂原本十分安定富有，每隻蜜蜂整天都大吃大喝。後來，一個哲人教導牠們不能揮霍，應該節約。蜜蜂們覺得哲人的話很有道理，於是貫徹落實。結果卻出乎預料——整個蜂群竟然就此迅速衰敗下去，一蹶不振了。

愈節約，愈衰敗。凱因斯認為人類社會也是一樣。

勤儉節約在很多國家都是傳統美德。這對個人來說沒有問題，但對國家來說，節約就意味著消費減少。要知道，我們的消費就是別人的收入，消費減少意味著企業收入減少；企業收入減少，經營困難，就要削減產量，解僱工人；工人收入減少，甚至被解僱，就更不敢消費了，從而進一步減少企業收入；然後企業再減產，再裁員……如此反覆。所以，愈節約，國家愈窮，形成「貧困循環」。

愈節約愈窮，愈消費愈富。這種顛覆一般認知的理論就是節約悖論。

為什麼會出現節約悖論？要理解這個現象，需要理解總體經濟學中的一個重要概念：GDP。

GDP即國內生產毛額，是指在一個時間段內，一個國家生產的全部產品和服務的總價值。它被公認為是衡量國家經濟狀況和財富的最佳指標。

那麼，怎麼來計算這個「總價值」呢？所有價值最終都體現在買賣上面。所以，計算GDP的通常方法就是把四個買賣加起來：第一，消費，即個人買了多少產品和服務；第二，政府採購，即政府買了多少；第三，淨出口，即出口減進口，可以理解為外國人買了多少產品和服務；第四，投資，即企業買了多少產品和服務，並變成資產和庫存。

瞭解了GDP的四個組成，我們就不難理解凱因斯鼓勵個人消費的原因了。你不花錢，別人怎麼賺錢？反過來說，別人不花錢，你怎麼賺錢？

而且，消費還有一個「乘數效應」。比如，A花了一百元，B因此賺了一百元；B拿其中的五十元消費，五十元投資擴大經營；這五十元消費和五十元投資再次變成GDP，又被其他人賺走、花掉……如此循環，GDP愈滾愈大，經濟也會愈來愈欣欣向榮。

但是，如果大家都變得節約起來，不消費了，結果就什麼都沒有了。所以，節約誤國。

當然，也有很多人對此表示強烈反對，人們對凱因斯的批評一直不絕於耳。有人認為凱因斯的觀點太狹隘了，主張動態地看問題：如果居民不消費，把錢都用於儲蓄，那麼儲蓄的錢也會被銀行用貸款的方式轉移到企業手裡，用於增加投資。投資也是GDP的一部分，還能順便解決就業問題。

對此，凱因斯的支持者們又問：企業拿到再多投資從事生產，但人們因為節約，根本不買產品怎麼辦？

反對者認為：沒人買是因為產品沒有真正滿足消費者的需求。鼓勵消費者購買不符合自己需求的商品，不管怎麼刺激消費、擴大內需，都是徒勞無功的。

支持者接著問：那應該怎麼辦呢？

反對者說：要開發新的、好的產品，用產能升級來滿足消費升級。

但是，開發新產品、升級產能需要大量的投資支持，所以必須有大量居民儲蓄。從這個角度來講，節約不但不會讓國家變窮，反而還會促進經濟增長。從長遠來看，它依然是一種值得提倡的美德。

到底誰對誰錯？到今天為止，經濟學家們仍在爭吵不休。這也是總體經濟學的神奇之處。

通過節約悖論，我們可以理解幾個基本的總體經濟學概念。

第一個是GDP。GDP即國內生產毛額，它的計算方法通常是：

GDP＝消費＋政府採購＋淨出口＋投資。

第二個是乘數效應。我們的消費就是別人的收入，別人的消費又會變成新的消費或投資，GDP因此愈滾愈大。

掌握關鍵

節約悖論

對國家來說，節約就意味著消費力道減少。我們的消費額度就是別人的收入，企業收入減少就會經營困難、減產，導致員工收入減少，甚至被解僱，並且抑制了個人消費力；如此反復。愈節約，國家反而愈窮，形成節約悖論的貧困循環。

延伸思考

職場 or 生活中，可聯想到的類似例子？

02

看得見的手——

政府應不應該干預市場

啟動亮點

經濟學界的辯論很有趣，經常辯論，卻經常辯不出結果。訓練自己看待總體經濟的辯證思維，才是重點。

中國經濟學界有一場著名的辯論，即同為北京大學教授的林毅夫和張維迎隔空交戰，高手過招，引來無數人圍觀。經濟學界的辯論很有趣，經常辯論，卻經常辯不出結果。兩位教授辯論的是總體經濟學的問題，事實上這場辯論已經持續了近十年，但一直沒有結果。

如果在數學界，某人宣稱自己證明了哥德巴赫猜想*，那麼只要讓他推演一番便知真假；武術界也是如此，如果某人說自己練成了神功，實戰過招，立見分曉。而經濟學的迷人之處卻在於，每個人的理論似乎都能在邏輯上自洽，可誰也說服不了誰。

在這場辯論中，林毅夫以凱因斯為導師，張維迎則以亞當．史密斯為導師。他們談及了很多問題，其中一個問題就是：政府應不應該干預市場。

作為反方，張維迎認為，政府愈少干預經濟愈好，最好不干預。經濟學的開山始祖亞當．史密斯曾經說過，政府的角色相當於「巡夜警察」，防範暴力、偷盜、欺詐，保護履行合約和提供公共事業就可以了。至於經濟，有一隻「看不見的手」會利用人的自私性和趨利性，最終有效地配置資源。

正方林毅夫卻認為，一個高質量的經濟體系應該是有效的市場加上有為的政府，二者缺一不可。正如凱因斯所說，任由市場自我調節的代價十分慘痛：貧富懸殊，大量失業，社會不安定。那隻「看不見的手」需要國家調控這隻「看得見的手」來控制，才能保證經濟走勢不會脫離正軌，避免經濟危機的發生。

*哥德巴赫猜想（Goldbach's conjecture）：指任何一個大於二的偶數都可以寫成兩個值數之和，被譽為近代三大數學難題之一。

對此，反方辯駁，愈是對市場本身沒有信心，就愈會把出現的很多問題歸咎於市場本身。靠政府這隻「看得見的手」去控制市場那隻「看不見的手」，用弗里德里希·海耶克（Friedrich Hayek）的話來說就是「致命的自負」。政府的優勢並不在於能夠更準確地判斷未來，而在於能夠按照規則，循規蹈矩地做好本職工作。

正方卻堅持，政府調控市場有兩大「法寶」：貨幣政策和財政政策。貨幣政策是指央行通過調節利息、存款準備金比率*等方法，調控貨幣的供應量。經濟萎靡，釋放貨幣；經濟過熱，收緊貨幣。財政政策指的是，經濟萎靡之時，政府增加支出，並且減稅，拉動經濟；如果經濟過熱，則多收稅，給經濟降溫。

一九二九年～一九三三年，羅斯福政府就是憑借這兩大「法寶」，帶領美國走出了經濟危機。此外，還有二〇〇八年的次貸危機，美國華爾街的金融寡頭利用各種理由尋租*權力，以綁架政府來謀利，最終釀成惡果。所以，政府要給企業創新提供自由的市場環境，但是也要提防被企業家綁架。

然而反方認為，之所以發生次貸危機，就是因為有些人貸款買房之後還不了錢。但問題是，銀行當初為什麼會向這些人發放貸款？正是因為美國政府過於自大，居然通過立法要求銀行必須貸款給沒錢買房的低收入者，違反了市場規律。恰恰是政府對金融和房地產市場的干預，造成了次貸危機。

真正的辯論，不是喊口號，而是優美的邏輯思辨。即使林毅夫和張維迎再辯論十年，也不一定會有結果。每個人都可以在這場辯論中訓練自己看待總體經濟的辯證思維，瞭解什麼是「看不見的手」和「看得見的手」，瞭解什麼是央行的貨幣政策，瞭解什麼是政府的財政政策。

＊全名「銀行存款準備金比率」（Required Reserve Ratio），又譯「現金準備比率」。意指為保障存款人的利益，銀行機構必須保留一定的資金於銀行內，以備存款人提領的需要。存款準備金與存款總額的比例即為存款準備金比率。

＊尋租（Rent-seeking）：尋求經濟租金的簡稱，又稱為競租。指在沒有生產的情況下，為獲得或維持壟斷地位，繼而得到壟斷利潤（亦即經濟租金）的一種非生產性尋求獲利的行為。

掌握關鍵

看得見的手

國家貨幣政策：央行通過調節利息、存款準備金比率等方法，調控貨幣的供應量。經濟萎靡時，釋放貨幣；經濟過熱時，收緊貨幣。

國家財政政策：經濟萎靡時，政府增加支出，刺激總需求，並且減稅，拉抬經濟；經濟過熱時，多收稅，給經濟降溫。

延伸思考

職場or生活中，可聯想到的類似例子？

啟動亮點

十五年後，當九〇後與千禧世代成為社會主流時，想保有今日社會總財富與平均生活水準，一個人年輕人創造的社會價值，必須是今日的二倍才足夠。

03

人口撫養比——從中國製造到中國創造

我經常被問到這樣一個問題：如果商業效率大幅度提高，最終導致大量失業怎麼辦？有人可能會說：這家公司裁員一個，那家公司又會多招一個，不用擔心。真的是這樣嗎？

我們可以用一個總體經濟學的概念——「人口撫養比」，來回答這個問題。

我的朋友毛大慶是萬科集團前高級副總裁。有一次，我與毛大慶同臺演講，他分享了一項研究數據，讓我當場震驚。這項研究就與人口撫養比有關。

我們知道，由於實行計畫生育政策，在很長一段時間內，一對夫妻只能生一個孩子，因此中國人口呈現減少的趨勢。九〇後人口數量比八〇後明顯減少，而〇〇後又比九〇後減少。到底減少了多少呢？毛大慶說，九〇後人口數量比八〇後減少了百分之四十四．二，〇〇後又比九〇後減少了百分之三十三．七。如果這組數字確切的話，意味著假如八〇後的總人口數量是一百人，那麼九〇後就是五十六人，〇〇後只有三十七人。

我不敢相信，於是上網查資料，發現攜程網的創始人梁建章也分享過一組數據。他說，九〇後的人口數量比八〇後減少了百分之三十～百分之四十。繼續查，我發現還有一些人的研究結論是九〇後比八〇後少百分之三十．六八，〇〇後比九〇後少百分之十九．三九——這組數據雖然看上去好一些，但照此推算下去，也意味著八〇後退休之時，補充進來的勞動力總數大概不足原來的三分之一。

有的公司可能已經感覺到九〇後的員工難招了。可能是因為父輩生活水準提高，導致九〇後對工作不積極了；或者因為這一代人開始有個性了，不再為薪水工作，而要追求夢想。這些都只是個體層面的原因，總體的原因是九〇後的人口總供給少了。企業難招人，是因為供需關係改變了。

中國最大的生育高峰是一九六六年～一九七三年。這段時間內，中國總共出生了大約三．一億人。如果男性六十歲、女性五十歲退休的政策保持不變，等到二〇二六年～二〇三三年，中國將會有三億人，也就是今天中國總人口的百分之二十二左右，將集體進入退休狀態。

勞動人口的供給大大減少，退休人口急劇增加，這兩項變化疊加在一起，將在未來形成這樣的結果：中國從一個有九億人工作、五億人因為各種原因（未成年或已退休等）而無法工作的國家，變成一個僅有五億人工作、九億人不能工作的國家。

人口撫養比，指的是一個國家非勞動人口占總人口的比率。今天，近十四億人中約五億人無法工作，人口撫養比是五比十四，也就是百分之三十五．七左右。當九億人無法工作時，人口撫養比變為百分之

六十四．三左右，幾乎翻了一倍。換句話說，當九〇後和〇〇後成為社會主流勞動力時，要想保持今天的社會總財富和平均生活水準，他們每個人創造的社會價值必須是今天的二倍。

過去，中國大多數行業取得成功的一個基本原因是人工成本低，但是低人工成本的時代已經一去不復返了。比如，富士康以前在深圳建廠，現在到印度建廠，未來甚至考慮去美國建立無人工廠，整個過程清清楚楚地反映了這一趨勢。

今天也許有很多人擔心，效率提高會導致失業。但是，隨著中國勞動人口從九億銳減到五億，我們會突然驚醒：再不提高效率，到哪裡去找那麼多人從事低效的工作呢？

那麼，接下來應該怎麼辦？給大家幾個建議。

第一，試著推演一下，如果人力成本翻倍，但是商品價格不變，現在的商業模式是否依然成立。如果發現本來賺錢的生意虧損了，或利潤嚴重縮水，那麼這個行業就需要拉響警鐘了。我們有大約五～十年的時間可以進行行業調整。

第二，調整的手段，可以是通過網路、大數據、人工智慧、機器人等方式提升效率，減少對人工的依賴。科技必須替代那少掉的四億勞動人口。

第三，僅僅提高效率是不夠的。比如，很多人相信機器人可以拯救中國製造。對此，我個人是存疑的。過去，外國人之所以把原物料運到中國來加工，再運回去賣掉，是因為製造必須依賴人工，而中國人工成本極低。如果以後製造業不需要人工了，那美國人、德國人可以用機器人在本國製造產品，為什麼還要到中國製造呢？真正能拯救中國的是創造，而不是更高效的製造。我們要提供不可替代的產品，而不是可以被機器人替代的勞動力。

掌握關鍵

人口撫養比

人口撫養比指的是一個國家非勞動人口占總人口的比例。今天，十四億人有五億人無法工作，人口撫養比是五比十四，約為百分之三十五．七。當九億人無法工作時，人口撫養比變為約百分之六十四．三，幾乎翻了一倍。十五年後，當九〇後和千禧後成為社會主流時，要想保持今天的社會總財富和平均生活水準，他們一個人創造的社會價值必須是今天的兩倍。

延伸思考

職場 or 生活中，可聯想到的類似例子？

04

啟動亮點

商業世界就算獲得再大的成功，也要時時提醒自己：什麼是可持續增長的，什麼是泡沫經濟。要時時自問，我會不會就是那個用二十年積蓄買鬱金香的人。

泡沫經濟——

警惕脫離現實的共同想像

總體經濟學中有一個令人頭疼的概念——「泡沫經濟」。

舉個例子，一九八五年九月，美、日、英、法、西德五國的財政部長在紐約的廣場飯店簽訂了《廣場協議》，同意美元貶值。同時，日本央行採取寬鬆的貨幣政策刺激經濟。大量資金流入房市，導致房地產價格暴漲。房價愈漲，愈有人買；愈有人買，房價就愈漲。

到一九八九年的時候，日本的房地產價格已飆升到了荒唐的地步。當時，日本的國土面積僅相當於美國加州，但其地價總額卻相當於整個美國的四倍。到了一九九〇年，僅東京的地價就相當於全美國的總地價，普通的日本民眾花費畢生儲蓄也無法買下一套住宅。

在任何一個價格點上，都一定會有經濟學家驚呼「泡沫」，也一定會有經濟學家告訴大眾「趕緊買，還會漲」。可怕的是，那些說還會漲的，每一次都說對了。所以，民眾愈來愈不相信唱衰房市的經濟學家，繼續恐慌性購買，導致房價繼續上漲。

然而，如大家所知，一九九一年日本的房地產泡沫破滅了，房價隨即暴跌，房地產業全面崩潰。個人紛紛破產，企業紛紛倒閉，遺留下來高達六千億美元的呆帳。這次泡沫還引發了日本歷史上最為漫長的經濟衰退，人們稱這次房地產泡沫是「二戰後日本的又一次戰敗」，把二十世紀九〇年代視為日本「失落的十年」。

如此可怕的泡沫經濟，竟然沒人看見嗎？沒有預警機制嗎？誰應該為此負責？

其實，身處泡沫經濟中的人是看不到泡沫的。因為所謂的泡沫，是所有人共同想像出來的，所有人脫離現實的「信心」彼此激勵、合謀，創造了泡沫經濟。換句話說，是你、是我、是我們認為最理性的朋友們一起製造了可怕的泡沫經濟，它就像「中國式過馬路」，湊夠一群人就可以走了，和紅綠燈無關。

一六三七年，一個荷蘭商人花六千多荷蘭盾買了幾十顆鬱金香球根。當時，一個普通荷蘭家庭全年的開支也才三百荷蘭盾左右。現在，我們看這件事覺得十分離譜，但是，當時即便有人提醒荷蘭商人「鬱金香的價格一定會跌」，他也不會相信。因為當他捧著鬱金香球根從街頭走到街尾的時候，它的價格就已經漲了三次。

最終，鬱金香泡沫*破滅，千百萬人傾家蕩產。

什麼叫泡沫經濟？泡沫經濟就是虛擬經濟過度增長，最終脫離了實體經濟的支撐而形成的虛假繁榮現象。最終，泡沫破滅會導致社會動盪，甚至經濟崩潰。

*又稱鬱金香狂熱，十七世紀發生於荷蘭，是歷史上記載最早的泡沫經濟事件。

泡沫經濟的形成有三個階段。

第一階段，泡沫的形成階段。當虛擬經濟「微胖」的時候，主流經濟學家認為這不是壞事。民眾對未來發展持有正向預期，會刺激實體經濟發展，最終追上來填實泡沫。

第二階段，泡沫的膨脹階段。雖然此時資產價格已經嚴重超出其價值，但因為群體想像已經形成，不斷有人賺到錢，又繼續強化這種群體想像，泡沫愈來愈大。就算有人意識到了風險，也可能經不起誘惑，試圖從泡沫中獲益，成為推動膨脹的合謀。

第三階段，泡沫的破滅階段。最後能接盤的人和資本始終是有限的。當交易開始趨緩，價格開始停滯的時候，泡沫最終破滅。資產價格回歸理性，大量的人破產。中間離場的人賺的錢，都來自那些沒來得及抽身的人。

這種基於群體想像的泡沫形成機制，非常像一種經典的金融騙局——龐氏騙局。只不過，龐氏騙局背後是有人費盡心機構建故事，讓大家對無價值的資產產生群體想像。而在泡沫經濟中，這種群體想像是自發的，所以泡沫經濟又被人稱為「自發性龐氏騙局」。

為什麼要介紹這個概念？學習商業邏輯可以使人理性，但我們也要對人性心存敬畏。在商業世界裡，就算獲得再大的成功，我們都要時刻提醒自己：什麼是可持續增長的，什麼是泡沫經濟。我們要時常問自己：我會不會就是那個用二十年的積蓄買鬱金香的人？

掌握關鍵

泡沫經濟

泡沫經濟是一個可怕的概念。當虛擬經濟脫離了實體經濟的支撐，背離價值的時候，就會產生泡沫經濟。泡沫經濟的形成有三個階段：泡沫形成階段、膨脹階段和破滅階段。有很多人在第二階段賺到了錢，但更多人都死在了第三階段。

延伸思考

職場or生活中，可聯想到的類似例子？

啟動亮點

全民發錢，從經濟學的角度來看，其實就是試圖用「第二次再分配」的手段，解決貧富差距的問題。

05

再分配──

你贊成給全民無條件發錢嗎？

瑞士大約有八百萬人口，這個國家有一個政策：任何提案只要能在十八個月內集齊十萬個簽名，就能召開公投。於是，有人提出了一個提案：為了讓瑞士人都能過上「體面的生活」，請政府每月向每個瑞士公民發放二千五百瑞士法郎。該提案勢如破竹地集齊了十萬個簽名，按照程序要進行公投了。

為了推動公投順利進行，提案的支持者們想盡了招數：他們在聯邦議會大廈廣場上傾倒了八百萬枚五分錢的硬幣，代表八百萬瑞士人都有錢拿；在火車站向民眾發錢，每人十瑞士法郎；甚至在日內瓦市中心拉起巨型宣傳海報，創下金氏世界紀錄……

全民發錢，這件聽上去很瘋狂的事情，我們應該如何看待？要理解這件事，就要瞭解總體經濟學中的一個重要分支——福利經濟學，還有福利經濟學中的一個重要概念——「再分配」。

什麼叫再分配？

舉個例子，某員工每月的薪資收入是一萬元，但公司為此付出的成本卻是一萬四千三百元，而錢發到員工手上就只剩七千六百九十六元了。為什麼？這中間差不多一半的錢到哪裡去了？這一半的錢通過稅收和社會保障（比如五險一金*）兩種方式被國家收走了，然後國家再把這些錢分配給其他人。

這就是福利經濟學中的再分配。再分配，就是指在基礎收入之上，政府為了促進社會公平，通過各種方式實現財富轉移的一個過程。

有人可能會問：我努力賺的錢，憑什麼要轉移給別人？從社會公平的角度來說，一個人賺的錢不完全是因為他自身的努力，還有一部分是因為他擁有不公平的優勢。比如，他出生在城市，別人出生在農村；他天生健康，別人天生殘疾等。政府通過再分配的方式，調節這種不公平。

靠什麼手段調節呢？靠三次再分配。

第一次再分配在不知不覺中就完成了。比如最低薪資標準，就是調高勞動和資本之間勞動收入的比例。再比如保護農產品價格，就是調高農村和城市之間農村收入的比例。

第二次再分配則是通過稅收、社會保障等手段來調節。比如個人所得稅，有能力工作的人交錢養沒能力工作的人。再比如繳納五險一金，年富力強的成年人交錢養日漸衰老的老年人。

第三次再分配，就是民眾自發地做公益事業、慈善事業，實現對財富的再一次分配，進一步縮小現有的貧富差距，減少社會矛盾。

＊五險一金：中國的福利政策內容。五險為養老保險、醫療保險、失業保險、工傷保險和生育保險；一金則是住房公積金，相較前四項，屬非政府法定必須繳納的項目。

回到瑞士全民發錢的公投問題上來。從經濟學角度來看，這個提案其實就是試圖用「第二次再分配」的手段解決貧富差距問題。

但是，既然是再分配，就要知道：第一，怎麼收錢；第二，怎麼發錢。怎麼發錢，提案裡講得很清楚了；但怎麼收錢，也就是說錢從哪裡來，提案裡並沒有說明。

錢的來源，簡單來說有兩個：收上來和印出來。如果提案通過，瑞士政府每年將為此支出二千零八十億瑞士法郎。其中，一千五百三十億直接來自稅收，另外五百五十億來自社會保險等。而瑞士當年的財政收入預計只有六百六十多億。政府本身並不創造財富，只能再分配財富。也就是說，政府必須把發下去的錢再收回來；或者說，把發給一部分人的錢，從另外一部分人身上再收回來。

這時候，八百萬瑞士人就要做一個判斷了：財富不會憑空創造出來，我最終是出錢的人，還是拿到錢的人？最後，百分之七十八的瑞士人否決了這項提案。這就說明，百分之七十八的瑞士人覺得這不是一個發錢計畫，而是一個搶錢計畫。

那麼，為什麼不讓央行多印錢呢？央行印的錢並不是財富，只是一種財富的記帳符號。印的錢愈多，每一元的購買力就愈低，所有人的財富都會縮水。當然，相對來說富人的財富縮水縮得更多。所以，印錢的本質，還是從一部分人手上收錢，再發給另一部分人。

掌握關鍵

再分配

政府通過某些手段，把財富從一部分人手中轉移到另一部分人手中，以求緩解社會不公平，這就是「再分配」。再分配是福利經濟學中的一個概念，是很複雜的事情，做得不好，會帶來更大的不公平。全民發錢，就是一種試圖用簡單的手段解決複雜的再分配問題的想法。

延伸思考

職場 or 生活中，可聯想到的類似例子？

06

啟動亮點

以前，中心化的「星狀結構」是組織資源的最有效結構。到了連接效率突飛猛進的網路時代，去中心化的「網狀結構」變得更加高效。

去中心化——

商業世界必須要有一個中心嗎？

什麼叫「去中心化」？

現代社會因為食物、水、空氣的質量惡化，癌症發病率提高了。怎麼辦呢？可以去買重症保險，獲得金融保障。可除了買保險，還有什麼別的獲得保障的辦法嗎？

舉個例子，從《5分鐘商學院》的二十幾萬學員中，招募三萬會員，成立「五商互助社」。只要做出「這三萬會員中萬一有人不幸得了癌症，我就給他捐十元」的承諾，就可以成為會員。從做出承諾的那天算起，經過一年觀察期，就擁有了被捐助的資格。為什麼要觀察一年？這是為了避免有些投機者只想接受捐助，不想捐助別人。

一年後，所有人都通過了觀察期。這時候，一個人很不幸得了癌症，我請每個會員直接給他捐十元。不能把錢捐給「五商互助社」，因為即使再少的錢，只要超過兩百人，就可能被定性為「非法集資」。所以，直接把錢捐給這個不幸的人，「五商互助社」只是組織大家互助。

我相信大部分人都會捐這十元。一是因為有愛心，二是因為如果不捐，就會失去被捐助的資格。有人說：我忘了自己有捐沒捐，我想再加入。可以，請再經歷一年觀察期。

三萬會員，每人捐十元，就是三十萬元。生病的人拿著三十萬元去治病了，「五商互助社」再次進入等待下一個被捐助者的狀態。

從金融的角度看，這就是保險。保險的本質，就是把小機率事件的高風險，在一群人身上平攤掉。在過去，這件事情因為組織效率的原因做起來特別困難。於是就出現了一個「中心化」組織——保險公司。不用平攤風險，把錢交給保險公司，遇到問題，由保險公司來賠償。

但是，這麼大的保險公司要保持運轉，必然要吃掉一部分保費，只能把剩下的部分理賠給不幸者。很多保險公司的「理賠率」不到消費者繳納保費的百分之五十。

再回來看看「五商互助社」，會員捐助的三十萬元，一分錢都沒有損耗，全都給了需要幫助的人，它的理賠率是百分之百。「五商互助社」為什麼能做到？是因為它充分利用網路的連接效率，去掉了一切中間環節，實現了「去中心化」。

談到「去中心化」，就不能不談「區塊鏈」和「比特幣」。

很多人聽到區塊鏈就頭疼，還有很多人認為區塊鏈是金融科技。不少金融從業者對區塊鏈也是一頭霧水。其實大部分人只需要理解，區塊鏈對商業世界的本質價值是去中心化。比特幣就是基於區塊鏈技術的去中心化的「貨幣」。

如果有人再問你什麼叫區塊鏈，你可以這麼回答：區塊鏈就是一種分布式記帳技術。假如對方追問什麼叫分布式記帳技術，你可以說：過去，我們的存款數目是存在銀行帳戶這個中心化資料庫裡的。區塊鏈就是把存款數目通過網路記錄在無數獨立的電腦上，並通過密碼學使它不可被篡改，從而讓中心消失，提高效率，甚至降低了中心想騙錢的道德風險。

那什麼是比特幣呢？今天的貨幣是由各國央行，也就是一個中心化機構來發行的。比特幣是基於區塊鏈技術的貨幣，是一個沒有央行的貨幣系統，雖然它並不被大多數國家認可。

不管是區塊鏈，還是比特幣，其本質都是去中心化。

掌握關鍵

去中心化

在連接效率不高的時代，中心化的「星狀結構」，是組織資源的最有效結構，但到了連接效率突飛猛進的網路時代，去中心化的「網狀結構」逐漸變得更加高效。愈來愈多的商業模式建立在去中心化的架構基礎，甚至是哲學基礎上，比如區塊鏈、比特幣。

延伸思考

職場 or 生活中，可聯想到的類似例子？

07

零邊際成本社會——未來所有商品都會免費嗎？

啟動亮點

隨著科技發展，商品的邊際成本會愈來愈低，最終幾乎為零。這將導致物質極大豐富，商品愈來愈便宜，人類財富爆發式增長。

邊際成本，就是每多生產或每多賣一件產品，所帶來的總成本的增加。

比如，某一位歌手在某個節目裡唱了首歌。唱這首歌的邊際成本很高，因為歌手為此付出了一整天，加上出差、排練，可能要花二～三天的時間。因此，他期待獲得不菲的報酬。

接著，歌手把這首歌錄製成唱片，沒想到賣了一萬張。一首歌被一萬人聽到，但歌手並沒有因此唱一萬遍。對歌手來說，多一個人聽到這首歌，所增加的總成本只是一張唱片的製造成本。而聽到歌手同樣的歌聲，每個聽眾付的錢也大大減少。

最後，歌手乾脆把這首歌放在網路上供聽眾下載，邊際成本幾乎為零。歌手的歌瞬間被一百萬人下載、收聽。這時，因為幾乎沒有成本，聽眾也只需付極少的錢。

從現場唱歌，到錄製唱片，到網路下載，聽眾聽歌手唱歌的邊際成本愈來愈低，商品的價格也因此愈來愈便宜。

其實，整個工業革命就是一場降低邊際成本的革命。機器人技術、流水線管理，都在為降低邊際成本而努力。設備、機器人不斷取代人的體力勞動，導致商品愈來愈便宜，人類財富爆發式增長。

照此發展，未來會不會有愈來愈多產品，甚至整個人類生產的所有產品的邊際成本，全都降為零，從而進入一個「零邊際成本社會」呢？所有產品的邊際成本為零，會不會導致所有商品都免費呢？所有商品都免費了，那我們一直期待的「各盡所能，各取所需」的物質極大豐富的時代會不會華麗地來臨，而商品經濟就此消失了呢？

《第三次工業革命》的作者傑瑞米·里夫金（Jeremy Rifkin）專門寫過一本書，叫《零邊際成本社會》，描述他推測的未來。他認為，第三次工業革命正在終結製造業和服務業中的大多數有償勞動，以及知識領域內的很大一部分專業性有償勞動。

有的人還是不敢相信體力勞動可以被機器取代，邊際成本因此降低，商品愈來愈便宜。即使體力勞動被機器取代，腦力勞動應該無法被取代吧？人類用腦力勞動創造商品的邊際成本就是時間成本，這應該不會便宜到免費吧？

著名暢銷書《人類大歷史》和《人類大命運》的作者尤瓦爾·哈拉瑞（Yuval Harari）說：「體力勞動已經被機器取代，大家覺得還有腦力，於是所有人轉型做白領。但現在，人工智慧出現了，腦力勞動可能也要被取代了。」

舉個例子，美國摩根大通銀行過去每年購買三十萬小時的律師服務來審核貸款合約，降低風險。但是，最近他們開始使用COIN公司的人工智慧律師服務，律師要花三十萬小時審完的合約，人工智慧幾秒鐘就審完了，而且對風險把握得更準確。也就是說，最典型的靠腦力勞動創造價值的律師，也要被取代了。

當體力勞動和腦力勞動都被取代時，物質極大豐富的零邊際成本社會可能真的會到來。那個時候，人類不需要工作，只管消費。即使工作也是添亂，因為效率太低。

如果那一天真的到來，我們應該如何應對呢？

我們將被迫重新理解商業的本質。勞動有兩個作用：創造財富和分配財富。如果以後人類不需要通過勞動創造財富，財富該如何分配呢？按需分配嗎？甘地（Gandhi）曾說過：「地球可以滿足每個人的需要，但不能滿足他們的貪婪之心。」再多的財富，在貪婪、攀比之下，都是不夠分的。分配財富，可能是未來商業社會存在的第一目的。

未來的人類社會，可能會創造出一種計算機模擬的「虛擬勞動」，人們在電腦裡創造虛擬財富，通過競爭獲得集點，然後根據集點高低，分配實際財富。

掌握關鍵

零邊際成本社會

零邊際成本社會，就是隨著科技的發展，商品的邊際成本愈來愈低，最終幾乎為零。這可能導致所有商品都將免費，商業社會的基本功能從創造財富和分配財富，變為只需要分配財富。

延伸思考

職場 or 生活中，可聯想到的類似例子？

08

啟動亮點

人工智慧在語音辨識、視覺辨識、資料採勘和機器學習這四個方面的技術已經飛速發展，這對我們來說，既是挑戰，也是商業機遇。

人工智慧——

未來的工作會被AI取代嗎？

一說到人工智慧，很多人想到的第一個問題就是：人工智慧到底會不會毀滅人類？先不考慮這個問題，我更想討論一下讓人驚喜也讓人驚恐的人工智慧，到底將如何影響商業世界。

現階段的人工智慧，大概指四件事：語音辨識、視覺辨識、資料採勘和機器學習。

語音辨識，目前已經普遍使用。科大訊飛公司的語音輸入法可以每分鐘輸入四百個漢字，準確率極高，幾乎可以取代速記員。加上機器翻譯，基本可以取代同聲傳譯。

視覺辨識也愈來愈普遍了。不僅可以用人臉辨識工具將照片分類存放，輸入「海邊」，它還能找出所有海邊的照片。無人駕駛技術，就嚴重依賴視覺辨識。

資料探勘，就是從已有數據中提取出模型。其中一個經典案例就是沃爾瑪通過資料探勘，找到了啤酒和尿片銷量的正相關性，把這兩樣商品放在一起，提高了銷量。

機器學習就更厲害了。人工智慧發展如此迅速，大部分功勞要歸它。AlphaGo（圍棋人工智慧程式）在二〇一六年的人機圍棋大戰中贏了李世乭，在二〇一七年贏了柯潔，這要歸功於它每天自我對弈一百萬盤棋，進步神速的機器學習能力。

很多人擔心，也許有一天人工智慧的智商會超越人類。網上流傳這樣一段描述，文藝而令人毛骨悚然：「人類唯一戰勝 AlphaGo 的那個寒夜，疲憊的李世乭早早睡下。世界在慌亂中恢復矜持，以為不過是一場虛驚。然而在長夜中，AlphaGo 又和自己下了一百萬盤棋。是的，一百萬盤。第二天太陽升起，AlphaGo 已變成完全不同的存在，可李世乭依舊是李世乭。從此之後，人類再無機會。」

李開復在《人工智慧來了》這本書中說：「有這樣擔憂的人，過於樂觀地認為科技永遠會呈指數型發展，而忽視了必將遇到的重大瓶頸。與其擔憂人類是否會被滅絕，不如擔憂我們的工作會不會被取代，以及如何在別人憂心忡忡時，抓住商業機遇。」

我非常認同這個觀點。那麼，哪些工作有可能被取代呢？或者反過來說，我們應該運用人工智慧取代哪些人類做起來低效的事，從而創造巨大的商業機會呢？

第一，金融。

二〇一六年十二月，高盛公司發布報告，保守估計，到二〇二五年，機器學習和人工智慧將通過節省成本和帶來新的盈利機會，創造每年三百四十億~四百三十億美元的價值。

在金融分析師們自我安慰「在人工智慧和人類一樣聰明之前，金融業不會被攻陷」時，美國一家公司已經開始利用人工智慧，每天早上八點三十五給高盛公司的員工提供自動化投資分析報告了。

當有些金融機構還要客戶到櫃檯辦理各種煩瑣手續時，螞蟻金服已經開始利用人臉辨識進行遠端身分驗證了。

當很多銀行還在僱用大量員工接聽客戶電話時，有些先行者已經開始提供人工智慧客服，大幅度降低成本了。

第二，醫療。

IBM利用其著名的人工智慧系統 Watson 輔助癌症研究。Watson 在一週時間內閱讀了二千五百篇醫學論文，並為三百多位病人找到了連醫生都束手無策的醫療方法。

人工智慧在X光片判讀、精準診斷、個人化醫療，甚至手術上，都有巨大的發展空間。

第三，生活。

不久的將來，機器翻譯會方便到不再需要學習外語；人臉辨識能做到瞬間識別幾十萬張人臉，大面積尋找走失兒童變得輕而易舉；語音智慧助手能做出比我們更懂自己的決策。

李開復提出了一個「五秒鐘原則」：大部分需要人類思考五秒鐘以下的事情，都可以由人工智慧代勞。也許所有這些事情，在未來都是巨大的商業機會。

那麼，有哪些事情是人工智慧做不到的呢？

以下七個領域，人工智慧在可預見的將來很難超越人類，人類還可以暫時領先：（一）跨領域推理；（二）抽象能力；（三）知其然，也知其所以然；（四）常識；（五）自我意識；（六）審美；（七）情感。

掌握關鍵

人工智慧

現階段，人工智慧有四個方面：語音辨識、視覺辨識、資料探勘和機器學習。這些突飛猛進的技術，在金融、醫療以及生活的各方面，給我們帶來了巨大的不確定性。這些不確定性，是挑戰，也是商業的機遇。

延伸思考

職場 or 生活中，可聯想到的類似例子？

09

奇異點臨近——人類最遠的未來

啟動亮點

商業模式是為科技而生的。今天，科技讓生活方式發生了翻天覆地的改變，商業人士一定要關注科技，才能抓住機遇。

在科學家的眼中，人類最遠的未來是什麼樣的？說到「人類最遠的未來」，就不得不提一個人：雷蒙德．庫茲維爾（Raymond Kurzweil）。這個「最遠的未來」有多遠呢？庫茲維爾認為，大概就在二〇四五年。

庫茲維爾是谷歌公司的工程總監，美國國家科技獎章得主、世界上最重要的發明獎 Lemelson-MIT 的得主，被《企業》（*Inc.*）雜誌稱為「愛迪生的法定繼承人」，被《富比世》（*Forbes*）雜誌稱為「最終的思考機器」，擁有十三項榮譽博士頭銜。那麼，庫茲維爾到底說了什麼呢？

業界把人工智慧按照先進程度，分為三種：弱人工智慧、強人工智慧和超級人工智慧。在圍棋人機大戰中贏了李世乭和柯潔的AlphaGo，是弱人工智慧。雖然它很強大，但其實只能在特定領域、既定規則中表現出強大的智慧。讓它預測股市，它就做不到了。什麼是強人工智慧呢？強人工智慧不受領域、規則限制，只要是人能幹的事情，它都能幹。也就是說，強人工智慧才是真正的人工智慧。那麼超級人工智慧呢？就是遠遠超越人類的智慧。

科學家們其實對弱人工智慧有多強大，毫無爭議。有爭議的地方在於：強人工智慧到底會不會出現？

庫茲維爾因此提出了著名的「奇異點理論」。他認為，科技的發展是符合冪次分布的。前期發展緩慢，後期愈來愈快，直到爆發。

他舉了很多例子。一百多年前，萊特兄弟發明了飛機，而今天人類已經開始進行火星移民計畫了。七十多年前，人類發明了第一臺計算機，占地約一百四十平方公尺，每秒計算五千次，而今天戴在手腕上的蘋果手錶，計算速度都比它快十幾萬倍。我們明顯能夠感覺到，世界的變化愈來愈快。庫茲維爾說，別擔心，變化還會更快。變化愈來愈快，最終達到一個爆發的極點，在數學上就叫作「奇異點」。他為此專門寫了一本書，叫《奇點臨近》。

這個正在臨近的奇異點，到底什麼時候會到來呢？庫茲維爾認為是二〇四五年。

為什麼是二〇四五年？因為庫茲維爾認為，以冪次式的加速度發展，到二〇四五年，強人工智慧終會出現。人工智慧花了幾十年時間，終於達到了幼兒智力水準。然後，在到達這個節點一小時後，電腦立刻推導出了愛因斯坦的相對論。而在這之後一個半小時，強人工智慧變成了超級人工智慧，智慧瞬間達到普通人類的十七萬倍。這就是改變人類種族的奇異點。

庫茲維爾把如此大的威脅放在了離人類如此近的未來，奇異點理論毫不意外地引起了軒然大波。

反對者認為，庫茲維爾犯了一個巨大的錯誤，就是認為科技總是可以加速發展，但事實上，技術發展有極限，到了一定程度就會停止。比如著名的摩爾定律：晶片的計算力每十八個月翻一倍，價格降一半。這個定律左右了科技界很多年，但近幾年也因為物理極限，開始放緩更新速度。庫茲維爾辯解說，摩爾定律是用老技術解決新問題，未來會有劃時代的技術突破舊技術的瓶頸，跨越極限。比如量子電腦的出現。

庫茲維爾也有很多支持者。比如這個世界上最聰明的人史蒂芬・霍金（hen Hawking），最有錢的人比爾・蓋茲（Bill Gates），以及最酷的人伊隆・馬斯克（Elon Musk）。

二〇四五年，奇異點到底會不會來臨，人類到底會不會把自己的文明拱手讓給人工智慧呢？對普通人來說，實在是太遙遠的話題。

那我們應該做些什麼呢？

第一，保持健康。

庫茲維爾每天要吃一百五十顆藥片，就是要保證自己的生命可以健康延續到二〇四五年，見證奇異點來臨，那時也許已經出現可以大大延長人類壽命的方法。作為普通人，我們也要保持健康，見證這個偉大的時代。

第二，關注科技。

商業模式為科技而生。過去因為環境變化不大，商業研究的都是相對競爭關係。今天，科技使生活方式發生了翻天覆地的改變，商業人士一定要關注科技，才能抓住機遇。

掌握關鍵

奇異點臨近

人類的生存問題和「奇異點臨近」的話題雖然離我們很遙遠，但當這麼多頂級菁英都在討論這個問題時，作為普通人的我們，也許至少應該瞭解它，甚至關注它。

延伸思考

職場 or 生活中，可聯想到的類似例子？

10

基因工程——如果活到一百二十歲，如何規劃人生？

啟動亮點

基因技術的發展，很有可能會讓人類壽命大幅度延長，過去的知識和經驗必將變得幾乎毫無價值，唯有不斷學習，才是唯一正確的策略。

科技，尤其是人工智慧，正在極大地改變世界。但是，人類在這場比拚中必敗無疑嗎？我們必須祈禱，強人工智慧帶著善意降臨嗎？

同樣是放眼未來，有的科學家主張關注人類自身，活得好、活得久才最重要，萬一強人工智慧沒有來呢？

生命科學家、華大基因的創始人汪建說，未來是生命科學的未來。人類基因科技的「存、讀、寫」技術已經愈來愈發達。隨著對出生缺陷的預防、腫瘤基因的治愈，人類的壽命將會愈來愈長。應該少關注人工，多關注人生。

加州大學等機構的研究顯示，從一八四〇年開始，人類的壽命就在以每年多活三個月的速度遞增。也就是說，每十年人類就可以多活二～三歲。從二〇〇一年到二〇一五年的十五年間，人類平均壽命的增長超過了五歲。據此計算，一個二〇〇七年出生的人，活到一百零四歲的機率會是百分之五十。這看上去很令人鼓舞。可是，這對商業世界意味著什麼呢？這意味著，也許在不久的將來，人類必須從更大的格局重新規劃商業布局，尤其要關注以下幾個趨勢。

第一個，人類的生命週期愈來愈長。

我們過去的人生，基本分為三個階段。從六歲到二十二歲的十六年是第一階段，用來讀書；從二十二歲到六十歲的三十八年是第二階段，用來工作；從六十歲到百年是第三階段，用來養老。今天中國人的平均壽命是七十六歲，也就是說平均養老時間為十六年。

十六年讀書，三十八年工作，十六年養老，這就是「人生三段論」。但是，這樣的人生三段論，建立在人類平均壽命七十六歲的前提下。如果未來人類的平均壽命變為一百二十歲，六十歲退休，六十年養老，工作三十八年賺的錢夠養活自己嗎？

所以，未來的人一定不會六十歲退休。那會是幾歲呢？北京已經開始局部試驗延遲退休了。據說社科院有專家建議，未來每三年延遲退休一年。照此計算，假如一個人在二〇一七年是四十歲，要到三十年後，也就是七十歲才能退休。七十歲退休，意味著工作四十八年，退休五十年，但也未必養得起自己。

未來人生很可能不是三段論。《百歲人生》的作者琳達・格拉頓（Lynda Gratton）和安德魯・史考特（Andrew Scott）說：未來我們很可能擁有的，是多段人生。讀書一段時間，工作一段時間；再讀書一段時間，再工作一段時間。

第二個，產業的生命週期愈來愈短。

第一次工業革命以蒸汽機的發明為標誌，但是蒸汽機被大規模使用已經是四十年後了。這四十年的時間裡，一個人完整的職業生涯可以從開始走到結束，相當漫長。我們今天看來，覺得那是歷史巨變，可是當時的人也許毫無感覺。

今天，產業變革的速度愈來愈快。網路興起才二十年，行動網路興起才五年，世界就已經天翻地覆。以後的變化，可能會愈來愈快。

未來，人類的生命週期愈來愈長，產業的生命週期愈來愈短。這將帶來一個結果：我們這一代人，將成為第一批在職業生涯中不得不徹底變換行業的一代人；我們這一代人，將成為第一批大學所學註定某天變得幾乎毫無用處，必須重學的一代人。也就是說，我們將經歷幾段完全不同的商業人生。

未來的大學課堂，可能坐著二十歲的孩子、四十歲的回鍋者，還有六十歲、八十歲的第三次、第四次回鍋者。以後再也不會有二十歲的同學迷茫地問：我學什麼專業才能找到穩定的工作呢？看看旁邊比自己大六十歲的同學就知道，這個世界上再也沒有穩定的工作。唯有不斷學習，才是正確的策略。多段式人生，會讓害怕改變或者不願改變的人無處可逃。

掌握關鍵

基因工程

基因技術的發展，很大機率會讓人類的壽命大幅度延長。生命科學家告訴我們，「百歲人生」也許比人工智慧占領地球更加現實。但是，人類的生命週期愈來愈長，產業的生命週期愈來愈短，這很可能導致我們的人生從三段式變為多段式。我們過去的知識和經驗，必將變得幾乎毫無價值，唯有不斷學習，才是唯一正確的策略。

延伸思考

職場 or 生活中，可聯想到的類似例子？

實用知識 66

每個人的商學院 · 商業基礎
客戶心理是一切需求的起始點

作　　者：劉潤
責任編輯：林佳慧
校　　對：林佳慧
封面設計：木木 lin
美術設計：廖健豪
寶鼎行銷顧問：劉邦寧

發 行 人：洪祺祥
副總經理：洪偉傑
副總編輯：林佳慧
法律顧問：建大法律事務所
財務顧問：高威會計師事務所
出　　版：日月文化出版股份有限公司
製　　作：寶鼎出版
地　　址：台北市信義路三段 151 號 8 樓
電　　話：（02）2708-5509　傳真：（02）2708-6157
客服信箱：service@heliopolis.com.tw
網　　址：www.heliopolis.com.tw
郵撥帳號：19716071 日月文化出版股份有限公司

總 經 銷：聯合發行股份有限公司
電　　話：（02）2917-8022　傳真：（02）2915-7212
印　　刷：禾耕彩色印刷事業股份有限公司
初　　版：2020 年 4 月
定　　價：380 元
I S B N：978-986-248-867-6

國家圖書館出版品預行編目資料

每個人的商學院 · 商業基礎：客戶心理是一切需求的起始點
/ 劉潤著 . -- 初版 . -- 臺北市：日月文化，2020.04
416 面 ；14.7×21 公分 . -- （實用知識 ; 66）
ISBN 978-986-248-867-6（平裝）

1. 商業管理

494　　109001647

日月文化集團
HELIOPOLIS
CULTURE GROUP
客服專線 02-2708-5509
客服傳真 02-2708-6157
客服信箱 service@heliopolis.com.tw

日月文化集團 讀者服務部 收

10658 台北市信義路三段151號8樓

對折黏貼後，即可直接郵

日月文化網址：**www.heliopolis.com.tw**

最新消息、活動，請參考 FB 粉絲團

大量訂購，另有折扣優惠，請洽客服中心（詳見本頁上方所示連絡方式）。

大好書屋　寶鼎出版　山岳文化

EZ TALK　EZ Japan　EZ Korea

大好書屋・寶鼎出版・山岳文化・洪圖出版　EZ叢書館　EZKorea　EZTALK　EZJapan

日月文化集團
HELIOPOLIS
CULTURE GROUP

感謝您購買 **每個人的商學院．商業基礎** 客戶心理是一切需求的起始點

為提供完整服務與快速資訊，請詳細填寫以下資料，傳真至02-2708-6157或免貼郵票寄回，我們將不定期提供您最新資訊及最新優惠。

1. 姓名：＿＿＿＿＿＿＿＿　性別：□男　□女
2. 生日：＿＿年＿＿月＿＿日　職業：
3. 電話：（請務必填寫一種聯絡方式）
（日）＿＿＿＿（夜）＿＿＿＿（手機）＿＿＿＿
4. 地址：□□□＿＿＿＿＿＿＿＿
5. 電子信箱：＿＿＿＿＿＿＿＿
6. 您從何處購買此書？□＿＿＿＿縣/市＿＿＿＿書店/量販超商
□＿＿＿＿網路書店　□書展　□郵購　□其他
7. 您何時購買此書？　年　月　日
8. 您購買此書的原因：（可複選）
□對書的主題有興趣　□作者　□出版社　□工作所需　□生活所需
□資訊豐富　□價格合理（若不合理，您覺得合理價格應為＿＿＿＿）
□封面/版面編排　□其他＿＿＿＿＿＿＿＿
9. 您從何處得知這本書的消息：　□書店　□網路／電子報　□量販超商　□報紙
□雜誌　□廣播　□電視　□他人推薦　□其他
10. 您對本書的評價：（1.非常滿意 2.滿意 3.普通 4.不滿意 5.非常不滿意）
書名＿＿＿　內容＿＿＿　封面設計＿＿＿　版面編排＿＿＿　文/譯筆＿＿＿
11. 您通常以何種方式購書？□書店　□網路　□傳真訂購　□郵政劃撥　□其他
12. 您最喜歡在何處買書？
□＿＿＿＿縣/市＿＿＿＿書店/量販超商　□網路書店
13. 您希望我們未來出版何種主題的書？＿＿＿＿＿＿＿＿
14. 您認為本書還須改進的地方？提供我們的建議？

預約實用知識，延伸出版價值